普通高等院校计算机基础教育"十三五"规划教材

C++面向对象程序设计

李 文 黄丽韶 吕兰兰 主 编

郭力勇 何 琛 扈乐华 周鹏 邵金侠 副主编

中国铁道出版社有限公司

CHINA RAILWAY PUBLISHING HOUSE CO., LTD.

内 容 简 介

C++继承了 C 语言效率高的优点，实现了面向对象技术的抽象、封装、继承和多态等核心特性，使得 C++成为开发大型复杂软件的首选编程语言。

本教材以面向对象程序设计思想为主线，介绍使用 C++语言进行程序设计的基本知识和方法。主要内容包括：C++语言基础，类与对象初步，数据的共享与保护，继承与派生，多态性，流类库与输入输出，异常处理，个人银行账户管理系统。

本书注重程序实例的合理性，注重引导读者理解并学会应用面向对象程序设计的思想和方法，力求从应用出发培养学生的学习兴趣，适合作为普通高等院校计算机及其相关专业本科生的教材。

图书在版编目（CIP）数据

C++面向对象程序设计/李文，黄丽韶，吕兰兰主编.—北京：中国铁道出版社，2018.2（2020.12 重印）
普通高等院校计算机基础教育"十三五"规划教材
ISBN 978-7-113-24219-0

Ⅰ.①C… Ⅱ.①李… ②黄… ③吕… Ⅲ.①C++语言－程序设计－高等学校－教材Ⅳ.①TP312.8

中国版本图书馆 CIP 数据核字(2018)第 023773 号

书　　　名：C++面向对象程序设计
作　　　者：李　文　黄丽韶　吕兰兰

策　　划：韩从付　　　　　　　　　　编辑部电话：（010）51873202
责任编辑：刘丽丽　李学敏
封面设计：刘　颖
责任校对：张玉华
责任印制：樊启鹏

出版发行：中国铁道出版社有限公司（100054，北京市西城区右安门西街8号）
网　　址：http://www.tdpress.com/51eds/
印　　刷：三河市航远印刷有限公司
版　　次：2018 年 2 月第 1 版　　2020 年 12 月第 3 次印刷
开　　本：787 mm×1 092 mm　　1/16　印张：13　字数：305 千
书　　号：ISBN 978-7-113-24219-0
定　　价：40.00 元

前 言

C++作为一门优秀的面向对象编程语言，已经成为近十年来最流行、应用范围最广的编程语言之一，被广泛应用于众多工程技术领域。C++在继承 C 语言效率高的优点的同时，还实现了面向对象技术的抽象、封装、继承和多态等核心特性。由于这些特性，使得面向对象程序相比传统的结构化程序而言，具有更高的可复用性、可扩展性和可维护性。这使得 C++成为开发大型复杂软件的首选编程语言。同时，C++面向对象程序设计也成为计算机科学与技术、软件工程等相关专业的基础课程之一。

C++既支持面向过程的程序设计，也支持面向对象的程序设计。因此，大多数 C++书籍中通常既包含面向过程的内容，也包含面向对象的内容，书中有大量篇幅介绍 C 语言中的知识。考虑到计算机科学与技术、软件工程等相关专业的学生，在学习 C++面向对象程序设计课程之前，大多已学过 C 语言程序设计课程。因此，本书在内容组织安排上选择了以面向对象为主的方式，书中包含的 C 语言面向过程设计部分的内容较少。

本书编者长期从事计算机科学与技术专业、软件工程专业的 C++程序设计教学工作，在教学中遇到了一些问题，例如：C++语法规则繁多，学生很难完全理解，容易导致畏难情绪；学生学习语法知识后不了解其应用方法，在程序开发时无法灵活应用所学知识等。同时，本书编者也积累了一些教学经验，因此萌生了编写一本 C++教材的想法。

基于作者在 C++程序设计教学实践中遇到的问题，本书注重程序实例的合理性，注重引导读者理解并学会应用面向对象程序设计的思想和方法，力求从应用出发培养学生的学习兴趣。例如，在讲解基本语法规则之前，先通过浅显的例子帮助读者理解相应知识点，在此基础上再力求使读者达到运用相应知识点的目标；对教学中的重点和难点内容，精心设计实例进行细致分析。

本书的主要特色如下：

1. 注重基础

本书较全面地介绍了 C++的基本语法和相关知识，并将面向对象设计的思想融合于问题的解决中。本书面向大学计算机相关专业的低年级学生，建议读者最好具有一定的 C 语言程序设计基础。

2. 深入浅出

本书力求用简洁浅显的语言讲述复杂的概念，力求做到通俗易懂、深入浅出。本书的宗旨是让读者不但要知其然，还要知其所以然，因此对于 C++的一些语法特性，不但介绍如何使用，还会介绍 C++为什么会有这个语法特性。

3. 方便裁剪

书中每个章节安排适当，符合计算机相关专业的教学需求，不同学校可以针对自身的教学特点，选择不同的章节组合进行教学，教师也可以根据授课对象的实际情况进行灵活裁剪。

本书内容上主要分 9 章。

绪论：介绍了程序设计语言的历史和特点，面向对象方法的基本概念，面向对象的软件开发过程，以及程序开发的基本概念。

C++语言基础：介绍了 C++程序设计的基础知识，简述了 C++语言与 C 语言的区别，并介绍 C++语言对 C 语言进行的扩展，包括基本数据类型和自定义数据类型、数据的输入与输出、三种基本控制结构（顺序、选择和循环结构）、指针和引用、函数重载等。

类与对象初步：介绍了面向对象程序设计的一大特性——封装。从数据封装的角度，介绍了面向对象程序设计中的核心概念——类，包括类的声明和实现，类成员的初始化（类的构造函数和析构函数），以及如何使用类解决具体问题（类的组合）。此外，还对比了类与结构体和联合体的区别，简单介绍了如何用 UML 描述类的特性。

数据的共享与保护：从数据共享的角度，介绍了标识符的作用域与可见性、对象的生存期、类的静态成员、类的友元；从保护共享数据的角度，介绍了常对象和常引用。最后介绍了多文件结构和编译预处理命令。

继承与派生：介绍了面向对象程序设计的另一大特性——继承。介绍了继承与派生的基本概念、派生类的声明和实现方式、派生类成员的初始化（派生类的构造函数和析构函数），讨论了三种不同派生方式下派生类对基类成员的访问控制方式，以及公有派生下派生类和基类的兼容规则，分析了多继承存在的二义性问题并提出了虚基类的解决方案。最后，分析了在解决实际问题时，如何合理运用类与类之间的继承、组合与使用关系。

多态性：介绍了面向对象程序设计的另一大特性——多态。简单介绍了多态的概念，详述 C++支持的两种多态类型：静态多态（函数重载）和动态多态（虚函数），分析了虚析构函数的声明方式和必要性，以及纯虚函数和抽象类的使用场合。

流类库与输入/输出：介绍了输入/输出流的概念，以及 C++输入/输出流类库的结构和使用方法。

异常处理：讲述了异常处理概念和基本思想，以及 C++异常处理机制的实现，还简单介绍了异常处理中析构函数的处理和标准程序库异常处理。

个人银行账户管理系统：本章主要的目的是培养学生综合运用面向对象程序设计基本知识和方法进行项目设计的能力；初步培养学生运用软件工程思想进行项目设计的能力。

本书由湖南科技学院电子与信息工程学院组织编写，在总结各位教师多年教学经验的基础上，倾注了 C++教学团队教师大量的心血。本书由李文、黄丽韶、吕兰兰任主编，郭力勇、何琛、扈乐华、周鹏、邵金侠任副主编，其中第 1、2 章由李文编写，第 3、4 章由黄丽韶编写，第 5、6 章由吕兰兰编写，第 7 章由郭力勇编写，第 8 章由何琛、周鹏编写，第 9 章由扈乐华、邵金侠编写。全书由李文、黄丽韶、吕兰兰统稿。在本书的写作过程中，编者参考了国内外许多优秀的同类教材以及网络资源，在此向其作者表示衷心感谢。感谢所有支持和帮助过本书编写的人们。

感谢以下项目的资助：

【1】湖南省普通高等学校"十三五"专业综合改革试点项目（湘教通〔2016〕276 号）；

【2】湖南省普通高校校企合作创新创业教育基地（湘教通〔2016〕436 号）；

【3】湖南科技学院计算机应用技术重点学科建设项目；

【4】教育部高教司产教合作项目（201601021003，201701034028，201702065165）；

【5】湖南省教育厅教改项目（湘教通〔2016〕400 号）；

【6】湖南省教育科学"十三五"规划课题（XJK17QGD008）。

虽然编者在高校从事了多年的 C++ 教学，但对这门与时俱进的语言仍然有不能掌控的地方。由于编者水平所限，加之时间仓促，书中难免存在不当和疏漏之处，恳请广大读者及同仁们批评指正，以便于我们在今后的版本中进行改进。

编　者

2017 年 12 月

目　录

第1章 绪论

本章首先从发展的角度概要介绍面向对象程序设计语言的产生和特点、面向对象方法的由来及其基本概念，以及什么是面向对象程序设计的软件工程，最后介绍程序的开发过程。

1.1 计算机程序设计语言的发展

语言是一套具有语法、词法规则的系统。语言是思维的工具，思维通过语言来表述。计算机程序设计语言是计算机可以识别的语言，用于描述解决问题的方法，供计算机阅读和执行。

1.1.1 机器语言与汇编语言

从 1946 年 2 月世界上第一台数字电子计算机 ENIAC 诞生以来，在这短暂的 70 多年间，计算机科学得到了迅猛发展，计算机及其应用已渗透到社会的各个领域，有力地推动了整个信息化社会的发展，计算机已成为信息化社会中必不可少的工具。

计算机系统包括硬件和软件。计算机之所以有如此强大的功能，不仅因为它具有强大的硬件系统，而且依赖于软件系统。软件包括了使计算机运行所需的各种程序及其有关的文档资料。计算机的工作是用程序来控制的，离开了程序，计算机将一事无成。程序是指令的集合。软件工程师将解决问题的方法、步骤编写为由一条条指令组成的程序，输入到计算机的存储设备中。计算机执行这一指令序列，便可完成预定的任务。

所谓指令，就是计算机可以识别的命令。虽然在人类社会中有丰富的语言用来表达思想、交流感情、记录信息，但计算机却不能识别它们。计算机所能识别的指令形式，只能是简单的 0 和 1 的组合。一台计算机硬件系统能够识别的所有指令的集合称为它的指令系统。

由计算机硬件系统可以识别的二进制指令组成的语言称为机器语言。毫无疑问，虽然机器语言便于计算机识别，但对于人类来说却是晦涩难懂，更难以记忆。可是在计算机发展的初期，软件工程师们只能用机器语言来编写程序。这一阶段，在人类的自然语言和计算机编程语言之间存在着巨大的鸿沟，软件开发的难度大、周期长，开发出的软件功能却很简单，界面也不友好。

不久，出现了汇编语言，它将机器指令映射为一些可以被人读懂的助记符，如 ADD、SUB 等。此时编程语言与人类自然语言间的鸿沟略有缩小，但仍与人类的思维相差甚大。因为它的抽象层次太低，程序员需要考虑大量的机器细节。

尽管如此，从机器语言到汇编语言，仍是一大进步。这意味着人与计算机的硬件系统不必非得使用同一种语言。程序员可以使用较适合人类思维习惯的语言，而计算机硬件系统仍只识别机器指令。那么两种语言间的沟通如何实现呢？这就需要一种翻译工具（软件）。汇编语言的翻译软件称为汇编程序，它可以将程序员写的助记符直接转换为机器指令，然后再由计算机去识别和执行。

1.1.2 高级语言

高级语言的出现是计算机编程语言的一大进步。它屏蔽了机器的细节，提高了语言抽象层次，程序中可以采用具有一定含义的数据命名和容易理解的执行语句。这使得在书写程序时可以联系到程序所描述的具体事物。

20 世纪 60 年代末开始出现的结构化编程语言进一步提高了语言的层次。结构化数据、结构化语句、数据抽象、过程抽象等概念使程序更便于体现客观事物的结构和逻辑含义，使得编程语言与人类的自然语言更接近。但是二者之间仍有不少差距，主要问题是程序中的数据和操作分离，不能够有效地组成与自然界中的具体事物紧密对应的程序成分。

目前应用比较广泛的几种高级语言有 FORTRAN，BASIC，Pascal，C 等。当然本书介绍的 C++语言也是高级语言，但它与其他面向过程的高级语言有着根本的不同。

1.1.3 面向对象的语言

面向对象的编程语言与以往各种编程语言的根本不同点在于，它设计的出发点就是为了能更直接地描述客观世界中存在的事物（即对象）以及它们之间的关系。

开发一个软件是为了解决某些问题，这些问题所涉及的业务范围称为该软件的问题域。面向对象的编程语言将客观事物看作具有属性和行为（或称服务）的对象，通过抽象找出同一类对象的共同属性（静态特征）和行为（动态特征），形成类。通过类的继承与多态可以很方便地实现代码重用，大大缩短了软件开发周期，并使得软件风格统一。因此，面向对象的编程语言使程序能够比较直接地反映问题域的本来面目，软件开发人员能够利用人类认识事物所采用的一般思维方法来进行软件开发。

面向对象的程序设计语言经历了一个很长的发展阶段。例如，LISP 家族的面向对象语言、Simula 67 语言、Smalltalk 语言以及 CLU，Ada，Modula-2 等语言，或多或少地都引入了面向对象的概念，其中 Smalltalk 是第一个真正的面向对象的程序语言。

然而，应用最广的面向对象程序语言是在 C 语言基础上扩充出来的 C++语言。由于 C++对 C 兼容，而 C 语言又早已被广大程序员所熟知，所以，C++语言也就理所当然地成为应用最广的面向对象程序语言。

1.2 面向对象的方法

程序设计语言是编写程序的工具，因此程序设计语言的发展恰好反映了程序设计方法的演变过程。下面首先初步介绍面向对象方法的基本概念和基本思想，学习完本书之后，相信你会对面向对象的方法有一个深入、完整的认识。

1.2.1 面向对象方法的由来

在面向对象的方法出现以前，我们都是采用面向过程的程序设计方法。早期的计算机是用于数学计算的工具，例如，用于计算炮弹的飞行轨迹。为了完成计算，就必须设计出一个计算方法或解决问题的过程。因此，软件设计的主要工作就是设计求解问题的过程。

随着计算机硬件系统的高速发展，计算机的性能越来越强，用途也更加广泛，不再仅限于数学计算。由于所处理的问题日益复杂，程序也就越来越复杂和庞大。20 世纪 60 年代产生的结构化程序设计思想，为使用面向过程的方法解决复杂问题提供了有力的手段。因而，在 20 世纪 70 年代到 80 年代，结构化程序设计方法成为所有软件开发设计领域及每个程序员都采用的方法。结构化程序设计的思路是：自顶向下、逐步求精；其程序结构是按功能划分为若干个基本模块，这些模块形成一个树状结构；各模块之间的关系尽可能简单，在功能上相对独立；每一模块内部均是由顺序、分支和循环 3 种基本结构组成；其模块化实现的具体方法是使用子程序。结构化程序设计由于采用了模块分解与功能抽象以及自顶向下、分而治之的方法，从而有效地将一个较复杂的程序系统设计任务分解成许多易于控制和处理的子任务，便于开发和维护。

虽然结构化程序设计方法具有很多优点，但它仍是一种面向过程的程序设计方法。它把数据和处理数据的过程分离为相互独立的实体，当数据结构改变时，所有相关的处理过程都要进行相应的修改，每一种相对于老问题的新方法都要带来额外的开销，程序的可重用性差。另外，由于图形用户界面的应用，使得软件使用起来越来越方便，但开发起来却越来越困难。一个好的软件，应该随时响应用户的任何操作，而不是请用户按照既定的步骤循规蹈矩地使用。例如，我们都熟悉文字处理程序的使用，一个好的文字处理程序使用起来非常方便，几乎可以随心所欲，软件说明书中绝不会规定任何固定的操作顺序，因此对这种软件的功能很难用过程来描述和实现，如果仍使用面向过程的方法，开发和维护都将很困难。

那么，什么是面向对象的方法呢？首先，它将数据及对数据的操作方法放在一起，作为一个相互依存、不可分离的整体——对象。对同类型对象抽象出其共性，形成类。类中的大多数数据，只能用本类的方法进行处理。类通过一个简单的外部接口与外界发生关系，对象与对象之间通过消息进行通信。这样，程序模块间的关系更为简单，程序模块的独立性、数据的安全性就有了良好的保障。另外，通过后续章节中介绍的继承与多态性，还可以大大提高程序的可重用性，使得软件的开发和维护都更为方便。

面向对象的方法有如此多的优点，然而对于初学程序设计的人来说，是否容易理解、容易掌握呢？回答是肯定的。面向对象方法的出现，实际上是程序设计方法发展的一个返璞归真过程。软件开发从本质上讲，就是对软件所要处理的问题域进行正确的认识，并把这种认识正确地描述出来。面向对象方法所强调的基本原则，就是直接面对客观存在的事物来进行软件开发，将人们在日常生活中习惯的思维方式和表达方式应用在软件开发中，使软件开发从过分专业化的方法、规则和技巧中回到客观世界，回到人们通常的思维方式。

1.2.2 面向对象的基本概念

下面简单介绍面向对象方法中的几个基本概念。当然我们不能期望通过几句话的简单介绍就完全理解这些概念，在本书的后续章节中，会不断帮助读者加深对这些概念的理解，以达到熟练运用的目的。

1. 对象

从一般意义上讲，对象是现实世界中一个实际存在的事物，它可以是有形的（一辆汽车），也可以是无形的（一项计划）。对象是构成世界的一个独立单位，它具有自己的静态特征（可以用某种数据来描述）和动态特征（对象所表现的行为或具有的功能）。

面向对象方法中的对象，是系统中用来描述客观事物的一个实体，它是用来构成系统的一个基本单位。对象由一组属性和一组行为构成。属性是用来描述对象静态特征的数据项，行为是用来描述对象动态特征的操作序列。

2. 类

把众多的事物归纳、划分成一些类，是人类在认识客观世界时经常采用的思维方法。分类所依据的原则是抽象，即忽略事物的非本质特征，只注意那些与当前目标有关的本质特征，从而找出事物的共性，把具有共同性质的事物划分为一类，得出一个抽象的概念。例如，石头、树木、汽车、房屋等都是人们在长期的生产和生活实践中抽象出的概念。

面向对象方法中的"类"，是具有相同属性和服务的一组对象的集合。它为属于该类的全部对象提供了抽象的描述，其内部包括属性和行为两个主要部分。类与对象的关系犹如模具与铸件之间的关系，一个属于某类的对象称为该类的一个实例。

3. 封装

封装是面向对象方法的一个重要原则，就是把对象的属性和服务结合成一个独立的系统单位，并尽可能隐蔽对象的内部细节。这里有两个含义：第一个含义是把对象的全部属性和全部服务结合在一起，形成一个不可分割的独立单位。第二个含义也称作"信息隐蔽"，即尽可能隐蔽对象的内部细节，对外形成一个边界（或者说一道屏障），只保留有限的对外接口使之与外部发生联系。

4. 继承

继承是面向对象技术能够提高软件开发效率的重要原因之一，其定义是，特殊类的对象拥有一般类的全部属性与服务，称作特殊类对一般类的继承。

继承具有重要的实际意义，它简化了人们对事物的认识和描述。比如我们认识了轮船的特征之后，再考虑客轮时，因为知道客轮也是轮船，于是可以认为它理所当然地具有轮船的全部一般特征，从而只需要把精力用于发现和描述客轮独有的那些特征。继承对于软件复用有着重要意义，使特殊类继承一般类，本身就是软件复用。不仅于此，如果将开发好的类作为构件放到构件库中，在开发新系统时便可以直接使用或继承使用。

5. 多态性

多态性是指在一般类中定义的属性或行为，被特殊类继承之后，可以具有不同的数据类型或表现出不同的行为。这使得同一个属性或行为在一般类及其各个特殊类中具有不同的语义。例如，可以定义一个一般类"几何图形"，它具有"绘图"行为，但这个行为并不具有具体含义，也就是说并不确定执行时到底画一个什么样的图（因此不知道"几何图形"到底是一个什么图形，"绘图"行为当然也就无从实现）。然后再定义一些特殊类，如"椭圆"和"多边形"，它们都继承一般类"几何图形"，因此也就自动具有了"绘图"行为。接下来，可以在特殊类中根据具体需要重新定义"绘图"，使之分别实现画椭圆和多边形的功能。进而，还可以定义

"矩形"类继承"多边形"类，在其中使"绘图"实现绘制矩形的功能。这就是面向对象方法中的多态性。

 ## 1.3　面向对象的软件开发

在整个软件开发过程中，编写程序只是相对较小的一个部分。软件开发的真正决定性因素来自前期概念问题的提出，而非后期的实现问题。只有识别、理解和正确表达了应用问题的内在实质，才能做出好的设计，然后才是具体的编程实现。

早期的软件开发所面临的问题比较简单，从认清要解决的问题到编程实现并不是太难的事。随着计算机应用领域的扩展，计算机所处理的问题日益复杂，软件系统的规模和复杂度增加，以至于软件的复杂性和其中包含的错误已达到软件人员无法控制的程度，这就是 20 世纪 60 年代初期的"软件危机"。软件危机的出现，促进了软件工程学的形成与发展。

我们学习面向对象的程序设计，首先应该对软件开发和维护的全过程有一个初步了解。因此，在这里先简要介绍一下什么是面向对象的软件工程。面向对象的软件工程是面向对象方法在软件工程领域的全面应用。它包括面向对象的分析（OOA）、面向对象的设计（OOD）、面向对象的编程（OOP）、面向对象的测试（OOT）和面向对象的软件维护（OOSM）等主要内容。

1.3.1　分析

在分析阶段，要从问题的陈述着手，建立一个说明系统重要特性的真实情况模型。为理解问题，系统分析员需要与客户一起工作。系统分析阶段应该扼要精确地抽象出系统必须做什么，而不是关心如何去实现。

面向对象的系统分析，直接用问题域中客观存在的事物建立模型中的对象，无论是对单个事物还是对事物之间的关系，都保留它们的原貌，不做转换，也不打破原有界限而重新组合，因此能够很好地映射客观事物。

1.3.2　设计

在设计阶段，是针对系统的一个具体实现运用面向对象的方法。其中包括两方面的工作，一是把 OOA 模型直接搬到 OOD，作为 OOD 的一部分；二是针对具体实现中的人机界面、数据存储、任务管理等因素补充一些与实现有关的部分。

1.3.3　编程

编程是面向对象的软件开发最终落实的重要阶段。在 OOA 和 OOD 理论出现之前，程序员要写一个好的面向对象的程序，首先要学会运用面向对象的方法来认识问题域，所以 OOP 被看作一门比较高深的技术。现在，OOP 的工作比较简单了，认识问题域与设计系统成分的工作已经在 OOA 和 OOD 阶段完成。OOP 工作就是用一种面向对象的编程语言把 OOD 模型中的每个成分书写出来。

尽管如此，我们学习面向对象的程序设计仍然要注重学习基本的思考过程，而不能仅仅学习程序的实现技巧。因此，虽然本书面向的是初学编程的读者，介绍的主要是 C++语言和面向对象的程序设计方法，但仍然用了一定的篇幅，通过例题介绍设计思路。

1.3.4 测试

测试的任务是发现软件中的错误,任何一个软件产品在交付使用之前都要经过严格的测试。在面向对象的软件测试中继续运用面向对象的概念与原则来组织测试,以对象的类作为基本测试单位,可以更准确地发现程序错误,提高测试效率。

1.3.5 维护

无论经过怎样的严格测试,软件中通常还是会存在错误。因此软件在使用的过程中,需要不断地维护。

使用面向对象的方法开发的软件,其程序与问题域是一致的,软件工程各个阶段的表示是一致的,从而减少了维护人员理解软件的难度。无论是发现了程序中的错误而追溯到问题域,还是因需求发生变化而追踪到程序,道路都是比较平坦的;而且对象的封装性使一个对象的修改对其他对象的影响很少。因此,运用面向对象的方法可以大大提高软件维护的效率。

读者在初学程序设计的时候,教科书中的例题都比较简单,从这些简单的例题中读者很难体会到软件工程的作用。而且题目本身往往已经对需要解决的问题做了清楚准确的描述。尽管如此,我们也不应直接开始编程,而应该首先进行对象设计。当然,本书主要的目的是介绍编程方法,建议读者在熟练掌握了 C++语言编程技术后,另外专门学习面向对象的软件工程。

1.4　程序开发的基本概念

在学习编程之前,首先来简单了解一下程序的开发过程及基本术语。在后续章节的学习和编程实践中,读者将对它们有不断深入的理解。

1.4.1 基本术语

源程序:用源语言编写的、有待翻译的程序,称为“源程序”。源语言可以是汇编语言,也可以是高级程序设计语言(比如 C++语言),用它们写出的程序都是源程序。

目标程序:是源程序通过翻译加工以后所生成的程序。目标程序可以用机器语言表示(因此也称之为“目标代码”),也可以用汇编语言或其他中间语言表示。

翻译程序:是指用来把源程序翻译为目标程序的程序。对翻译程序来说,源程序是它的输入,而目标程序则是其输出。翻译程序有 3 种不同类型:汇编程序、编译程序、解释程序。

汇编程序:其任务是把用汇编语言写成的源程序翻译成机器语言形式的目标程序。所以,用汇编语言编写的源程序先要经过汇编程序的加工,变为等价的目标代码。

编译程序:若源程序是用高级程序设计语言所写,经翻译程序加工生成目标程序,那么,该翻译程序就称为“编译程序”。所以,高级语言编写的源程序要上机执行,通常首先要经编译程序加工成为机器语言表示的目标程序。若目标程序是用汇编语言表示,则还要经过一次汇编程序的加工。

解释程序:这也是一种翻译程序,同样是将高级语言源程序翻译成机器指令。它与编译程序的不同点就在于:它是边翻译边执行的,即输入一句,翻译一句,执行一句,直至将整个源程序翻译并执行完毕。解释程序不产生整个的目标程序，对源程序中要重复执行的语句(例如循环体中的语句)需要重复地解释执行，因此较之编译方式要多花费执行时间，效率较低。

1.4.2 完整的程序过程

C++程序的开发通常要经过编辑、编译、连接、运行调试这几个步骤，如图 1-1 所示。

编辑是将源程序输入到计算机中，生成扩展名为.cpp 的磁盘文件。编译是将程序的源代码转换为机器语言代码。但是编译后的程序还不能由计算机执行，还需要连接。连接是将多个目标文件以及库中的某些文件连在一起，生成一个扩展名为.exe 的可执行文件。最后，还要对程序进行运行和调试。在编译和连接时，都会对程序中的错误进行检查，并将查出的错误显示在屏幕上。编译阶段查出的错误是语法错，连接时查出的错误称连接错。

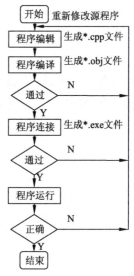

图 1-1 C++程序的开发过程

 习 题

1. 简述计算机程序设计语言的发展历程。
2. 面向对象的编程语言有哪些特点？
3. 什么是结构化程序设计方法？这种方法有哪些优点和缺点？
4. 什么是对象？什么是面向对象方法？这种方法有哪些特点？
5. 什么是封装？
6. 面向对象的软件工程包括哪些主要内容？

第2章　C++语言基础

本章首先简要介绍了 C++程序设计的基础知识，简述了 C++语言与 C 语言的区别，并介绍 C++语言对 C 语言进行的扩展，包括基本数据类型和自定义数据类型、数据的输入与输出、三种基本控制结构（顺序、选择和循环结构）、指针和引用、函数重载等。

 ## 2.1　C++语言概述

2.1.1　C++的产生

C++是从 C 语言发展演变而来的，因此介绍 C++就不能不首先回顾一下 C 语言。C 语言最初是贝尔实验室的 Dennis Ritchie 在 B 语言基础上开发出来的。1972 年在一台 DEC PDP-11 计算机上实现了最初的 C 语言，以后经过了多次改进。目前比较流行的 C 语言版本基本上都是以 ANSI C 为基础的。

C 语言具有许多优点，例如：语言简洁灵活、运算符和数据结构丰富、具有结构化控制语句、程序执行效率高，而且同时具有高级语言与汇编语言的优点。与其他高级语言相比，C 语言具有可以直接访问物理地址的优点，与汇编语言相比又具有良好的可读性和可移植性。因此 C 语言得到了极为广泛的应用，有大量的程序员在使用 C 语言，并且，有许多 C 语言的库代码和开发环境。

尽管如此，由于 C 语言毕竟是一个面向过程的编程语言，因此与其他面向过程的编程语言一样，已经不能满足运用面向对象方法开发软件的需要。C++便是在 C 语言基础上为支持面向对象的程序设计而研制的、一个通用目的的程序设计语言。

研制 C++的一个首要目标是使 C++首先是一个更好的 C，所以 C++解决了 C 中存在的一些问题。C++的另一个重要目标就是支持面向对象的程序设计，因此在 C++中引入了类的机制。最初的 C++被称为"带类的 C"，1983 年正式取名为 C++。C++语言的标准化工作从 1989 年开始，于 1994 年制订了 ANSI C++标准草案。以后又经过不断完善，于 1998 年 11 月被国际标准化组织（ISO）批准为国际标准，2003 年 10 月 ISO 又发布了第二版的 C++标准，成为目前的 C++。

2.1.2　C++的特点

C++语言的主要特点表现在两个方面，一是尽量兼容 C，二是支持面向对象的方法。首先，C++的确是一个更好的 C。它保持了 C 的简洁、高效和接近汇编语言等特点，对 C 的类型系统进行了改革和扩充，因此 C++比 C 更安全，C++的编译系统能检查出更多的类型错误。

由于 C++与 C 保持兼容，这就使许多 C 代码不经修改就可以为 C++所用，用 C 编写的众多的库函数和实用软件可以用于 C++中。另外，由于 C 语言已被广泛使用，因而极大地促进了 C++的普及和面向对象技术的广泛应用。

然而，也正是由于对 C 的兼容使得 C++不是一个纯正的面向对象的语言，C++既支持面向过程的程序设计，又支持面向对象的程序设计。

C++语言最有意义的方面是支持面向对象的特征。虽然与 C 的兼容使得 C++具有双重特点，但它在概念上是和 C 完全不同的语言，我们应该注意按照面向对象的思维方式去编写程序。

如果读者已经有其他面向过程高级语言的编程经验，那么学习 C++语言时应该着重学习它的面向对象的特征，对于与 C 语言兼容的部分只要了解一下就可以了。因为 C 语言与其他面向过程的高级语言在程序设计方法上是类似的。

如果读者是初学编程，那么，虽然与 C 兼容的部分不是 C++的主要成分，你依然不能越过它。像数据类型、算法的控制结构、函数、指针等，不仅是面向过程程序设计的基本成分，也时面向对象编程的基础。因为，对象是程序的基本单位，然而对象的静态属性往往需要用某种类型的数据来表示，对象的动态属性要由成员函数来实现，而函数的实现归根到底还是算法的设计。

2.1.3　C++程序实例

现在，来看一个简短的程序实例。由于还没有介绍有关面向对象的特征，例 2-1 只是一个面向过程的程序，我们只是通过这个程序看一看简单的计算机程序，如何能够通过程序来控制计算机的操作。

【例 2-1】　一个简单的 C++程序。

```
#include <iostream>
using namespace std;
int main() {
    cout<< "Hollo!"<<endl;
    cout<< "Welcome to Hunan University of Science and Engineering!"<<endl;
    return 0;
}
```

这里 main 是主函数名，函数体用一对大括号括住。函数是 C++程序中最小的功能单位。在 C++程序中，必须有且只能有一个名称为 main 的函数，它表示了程序执行的开始点。main()函数之前的 int 表示 main()函数的返回值类型。程序由语句组成，每条语句由分号（;）作为结束符。cout 是一个输出流对象，它是 C++系统预定义的对象，其中包含了许多有用的输出功能。输出操作由操作符"<<"来表达，其作用是将紧随其后的双引号中的字符串输出到标准输出设备（显示器）上。endl 表示一个换行符。在后续章节的输出流做详细介绍，在这里读者只要知道可以用"cout<<"实现输出即可。return 0 表示退出 main()函数并以 0 作为返回值。main()函数的返回值是 0 意味着程序正常结束，如果 main()以非 0 返回，则意味着程序异常结束。

程序中的下述内容：

```
#include <iostream>
```

指示编译器在对程序进行预处理时，将文件 iostream 中的代码嵌入到程序中该指令所在的地方，其中#include 被称为预处理指令。文件 iostream 中声明了程序所需要的输入和输出操作的有关信息。cout 和 "<<" 操作的有关信息就是在该文件中声明的。由于这类文件常被嵌入在程序的开始处，所以称之为头文件。在 C++程序中如果使用了系统中提供的一些功能，就必须嵌入相关的头文件。

"using namespace" 是针对命名空间的指令。关于命名空间的概念，将在后续章节介绍。编写简单程序时读者只要在嵌入 iostream 文件之后，加上如下语句即可：

```
using namespace std;
```

当编写完程序文本后，要将它存储为扩展名为.cpp 的文件，称为 C++源文件，经过编译系统的编译、连接后，产生可执行文件。本书中的例题都可以使用 Windows 下的 Microsoft Visual C++ 2008 集成环境和 Linux 下的 GNU C++ Compiler 4.2 编译器正确编译并执行。

例 2-1 运行时在屏幕上输出如下结果：

```
Hello!
Welcome to Hunan University of Science and Engineering!
```

2.1.4 字符集

字符集是构成 C++语言的基本元素。用 C++语言编写程序时，除字符型数据外，其他所有成分都只能由字符集中的字符构成。C++语言的字符集由下述字符构成：

① 英文字母：A~Z，a~z。

② 数字字符：0~9。

③ 特殊字符：

```
!   #   %   ^   &   *   _（下画线）   +
+   -   ~   <   >   /   \   ,
"   ;   .   ,   :   ?   (   )
[   ]   {   }
```

2.1.5 词法记号

词法记号是最小的词法单元，下面将介绍 C++的关键字、标识符、文字、操作符、分隔符和空白符。

1. 关键字

关键字是 C++预先声明的单词，它们在程序中有不同的使用目的。下面列出的是 C++中的关键字。

asm	auto	bool	break	case	catch	char
class	const	const_cast	continue	default	delete	do
double	dynamic_cast	else	enum	explicit	export	extern
false	float	for	friend	goto	if	inline

int	long	mutable	namespace	new	operator	private
protected	public	register	reinterpret_cast	return	short	signed
sizeof	static	static_cast	struct	switch	template	this
throw	true	try	typedef	typeid	typename	union
unsigned	using	virtual	void	volatile	wchar_t	while

关于这些关键字的意义和用法，将在后续章节逐渐介绍。

2. 标识符

标识符是程序员定义的单词，它命名程序正文中的一些实体，如函数名、变量名、类名、对象名等。C++标识符的构成规则如下。

① 以大写字母、小写字母或下画线（_）开始。

② 可以由以大写字母、小写字母、下画线（_）或数字 0~9 组成。

③ 大写字母和小写字母代表不同的标识符。

④ 不能是 C++关键字。

例如：Rectangle，Draw_line，_No1 都是合法的标识符，而 No.1，1st 则是不合法的标识符。

3. 文字

文字是在程序中直接使用符号表示的数据，包括数字、字符、字符串和布尔文字，在 2.2 节中将详细介绍各种文字。

4. 操作符

操作符（也称运算符）是用于实现各种运算的符号，例如：+，-，*，/，…。在 2.2 节及后续章节，将详细介绍各种操作符。

5. 分隔符

分隔符用于分隔各个词法记号或程序正文，C++分隔符是：( ) { } , : ;这些分隔符不表示任何实际的操作，仅用于构造程序，其具体用法会在以后的章节中介绍。

6. 空白

程序编译时的词法分析阶段将程序正文分解为词法记号和空白。空白是空格、制表符（Tab 键产生的字符）、垂直制表符、换行符、回车符和注释的总称。

空白符用于指示词法记号的开始和结束位置，但除了这一功能之外，其余的空白将被忽略。因此，C++程序可以不必严格地按行书写，凡是可以出现空格的地方，都可以出现换行。例如：

```
int i;
```

与

```
int    i;
```

或与

```
int
i
;
```

是等价的。尽管如此，在书写程序时，仍要力求清晰、易读。因为一个程序不只是要让编译器分析，还要给人阅读，以便于修改、维护。

注释在程序中的作用是对程序进行注解和说明，以便于阅读。编译系统在对源程序进行编译时不处理注释部分，因此注释对于程序的功能实现不起任何作用。而且由于编译时忽略注释部分，所以注释内容不会影响最终产生的可执行程序的大小。适当地使用注释，能够提高程序的可读性。

C++中，有两种给出注释的方法。一种是沿用 C 语言的方法，使用"/*"和"*/"括起注释文字。例如：

```
/* This is
A comment.
*/
int i;          /*i is an integer*/
```

这里"/*"和"*/"之间的所有字符都被作为注释处理。

另一种方法是使用"//"，从"//"开始，直到它所在行的行尾，所有字符都被作为注释处理。例如：

```
//This is a comment.
int i;          //i is an integer
```

 ## 2.2 基本数据类型与表达式

数据是程序处理的对象，数据可以依其本身的特点进行分类。我们知道在数学中有整数、实数等概念，在日常生活中需要用字符串来表示人的姓名和地址，有些问题的回答只能是"是"或"否"（即逻辑"真"或"假"）。不同类型的数据有不同的处理方法，例如：整数和实数可以参加算术运算，但实数的表示又不同于整数，要保留一定的小数位；字符串可以拼接；逻辑数据可以参加"与""或""非"等逻辑运算。

我们编写计算机程序，目的就是为了解决客观世界中的现实问题。所以，高级语言中也为我们提供了丰富的数据类型和运算。C++中的数据类型分为基本类型和自定义类型。基本类型是 C++编译系统内置的。本节将首先介绍基本数据类型。

2.2.1 基本数据类型

C++的基本数据类型如表 2-1 所示（表中各类型的长度和取值范围，以面向 IA-32 处理器的 VC++2008 和 gcc 4.2 为准）。

表 2-1　C++的基本数据类型

类型名	长度（字节）	取值范围
bool	1	false, true
char	1	−128 ~ 127
signed char	1	−128 ~ 127
unsigned char	1	0 ~ 255
short(signed short)	2	−32 768 ~ 32 767
unsigned short	2	0 ~ 65 535
int(signed int)	4	−2 147 483 648 ~ 2 147 483 647
unsigned int	4	0 ~ 4 294 967 295
long(signed long)	4	−2 147 483 648 ~ 2 147 483 647
unsigned long	4	0 ~ 4 294 967 295
float	4	$3.4 \times 10^{-38} \sim 3.4 \times 10^{38}$
double	8	$1.7 \times 10^{-308} \sim 1.7 \times 10^{308}$
long double	8	$1.7 \times 10^{-308} \sim 1.7 \times 10^{308}$

从表 2-1 中可以看到，C++的基本数据类型有 bool（布尔型）、char（字符型）、int（整型）、float（浮点型，表示实数）、double（双精度浮点型，简称双精度型）。除了 bool 型外，主要有两大类：整数和浮点数。因为 char 型从本质上说也是整数类型，它是长度为 1 字节的整数，通常用来存放字符的 ASCII 码。其中关键字 signed 和 unsigned，以及关键字 short 和 long 被称为修饰符。

用 short 修饰 int 时，short int 表示短整型，占 2 字节。此时 int 可以省略，因此表 2-1 中列出的是 short 型而不是 short int 型。long 可以用来修饰 int 和 double。用 long 修饰 int 时，long int 表示长整型，占 4 字节，同样此时 int 也可以省略。

一般情况下，如果对一个整数所占字节数和取值范围没有特殊要求，使用（unsigned）int 型为宜，因为它通常具有最高的处理效率。

signed 和 unsigned 可以用来修饰 char 型和 int 型（也包括 short 和 long），signed 表示有符号数，unsigned 表示无符号数。有符号整数在计算机内是以二进制补码形式存储的，其最高位为符号位，"0"表示"正"，"1"表示"负"。无符号整数只能是正数，在计算机内是以绝对值形式存放的。int 型（也包括 short 和 long）在默认（不加修饰）情况下是有符号（signed）的。

两种浮点类型除了取值范围有所不同外，精度也有所不同，float 可以保存 7 位有效数字，double 可以保存 15 位有效数字。

bool（布尔型，也称逻辑型）数据的取值只能是 false（假）或 true（真）。bool 型数据所占的字节数在不同的编译系统中有可能不一样。程序所处理的数据不仅分为不同的类型，而且每种类型的数据还有常量与变量之分。接下来，将详细介绍各种基本类型的数据。

2.2.2　常量

所谓常量是指在程序运行的整个过程中其值始终不可改变的量，也就是直接使用符号（文字）表示的值。例如：12，3.5，'A'都是常量。

1. 整型常量

整型常量即以文字形式出现的整数，包括正整数、负整数和零。整型常量的表示形式有十进制、八进制和十六进制。

（1）十进制整型常量的一般形式与数学中我们所熟悉的表示形式是一样的：

[±]若干个 0~9 的数字

即符号加若干个 0~9 的数字，但数字部分不能以 0 开头，正数前边的正号可以省略。

（2）八进制整常量的数字部分要以数字 0 开头，一般形式为：

0 若干个 0~7 的数字

（3）十六进制整常量的数字部分要以 0x 开头，一般形式为：

0x 若干个 0~9 的数字及 A~F 的字母（大小写均可）

由于八进制和十六进制形式的整型常量一般用来表示无符号整数；所以前面不应带正负号。整型常量可以用后缀字母 L（或 l）表示长整型，后缀字母 U（或 u）表示无符号型，也可同时后缀 L 和 U（大小写无关）。

例如：−123，0123，0x5af 都是合法的常量形式。

2. 实型常量

实型常量即以文字形式出现的实数，实数有两种表示形式：一般形式和指数形式。

（1）一般形式：例如，12.5，−12.5 等。

（2）指数形式：例如，0.345E+2 表示 0.345×10^2，−34.4E−3 表示 $−34.4 \times 10^{−3}$。E 可以大写或小写；当以指数形式表示一个实数时，整数部分和小数部分可以省略其一，但不能都省略。例如：.123E−1，12.E2，1.E−3 都是正确的，但不能写成 E−3 这种形式。

实型常量默认为 double 型，如果后缀 F（或 f）可以使其成为 float 型，例如：12.3f。

3. 字符常量

字符常量是单引号括起来的一个字符，如：'a'，'D'，'? '，'$'等。

另外，还有一些字符是不可显示字符，也无法通过键盘输入，例如响铃、换行、制表符、回车等。这样的字符常量该如何写到程序中呢？C++提供一种称为转义序列的表示方法来表示这些字符，表 2−2 列出了 C++预定义的转义序列。

表 2−2　C++预定义的转义序列

含　义	字符常量形式	ASCII 码（十六进制）
换行符（new line）	\n	0A
水平制表键（horizontal tab）	\t	09
垂直制表键（vertical tab）	\v	0B
退格键（backspace）	\b	08
回车键（carriage return）	\r	0D
进纸键（formfeed）	\f	0C
响铃符（alert (bell)）	\a	07
反斜杠键（backslash）	\\	5C
问号（question mark）	\?	3F
单引号（single quote）	\'	27
双引号（double quote）	\"	22

无论是不可显示字符还是一般字符，都可以用十六进制或八进制 ASCII 码来表示，表示形式是：

\nnn　八进制形式

\xnnn　十六进制形式

其中 nnn 表示 3 位八进制或十六进制数。例如，'a'的十六进制 ASCII 码是 61，于是，'a'也可以表示为'\x61'。

由于单引号是字符的界限符，所以单引号本身就要用转义序列表示为\'。

字符数据在内存中以 ASCII 码的形式存储，每个字符占 1 字节，使用 7 个二进制位。

4. 字符串常量

字符串常量简称字符串，是用一对双引号括起来的字符序列。例如："abcd"，"China"，"This is a string."都是字符串常量。由于双引号是字符串的界限符，所以字符串中间的双引号就要用转义序列来表示。例如：

```
"Please enter \"Yes\" or \"No\" "
```

表示的是下列文字：

```
Please enter "Yes" or "No"
```

字符串与字符是不同的，它在内存中的存放形式是：按串中字符的排列次序顺序存放，每个字符占 1 字节，并在末尾添加'\0'作为结尾标记。图 2-1 是字符数据及其存储形式的举例。从图中可以看出，字符串"a"与字符'a'是不同的。

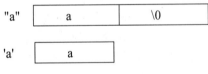

图 2-1　字符数据及其存储形式举例

5. 布尔常量

布尔型常量只有两个：false（假）和 true（真）。

2.2.3　变量

在程序的执行过程中其值可以变化的量称为变量，变量是需要用名字来标识的。

1. 变量的声明和定义

像常量具有各种类型一样，变量也具有相应的类型。变量在使用之前需要首先声明其类型和名称。变量名也是一种标识符，因而给变量命名时，应该遵守 2.1 节中介绍的标识符构成规则。在同一语句中可以声明同一类型的多个变量。变量声明语句的形式如下：

数据类型　变量名 1，变量名 2，…，变量名 n；

如，下列两条语句声明了两个 int 型变量和 3 个 float 型变量：

```
int num, total;
```

```
float v, r, h;
```

声明一个变量只是将变量名标识符的有关信息告诉编译器，使编译器"认识"该标识符，但是声明并不一定引起内存的分配。而定义一个变量意味着给变量分配内存空间，用于存放对应类型的数据，变量名就是对相应内存单元的命名。在 C++程序中，大多数情况下变量声明就是变量定义，声明变量的同时也就完成了变量的定义，只有声明外部变量时例外。关于外部变量在后续章节中介绍。在定义一个变量的同时，也可以给它赋予初值，而这实质上就是给对应的内存单元赋值。例如：

```
int a=3;
double f=3.56;
char c='a';
```

在定义变量的同时赋初值还有另外一种形式，例如：

```
int a(3);
```

2. 变量的存储类型

变量除了具有数据类型外，还具有存储类型。变量的存储类型决定了其存储方式，具体介绍如下。

auto 存储类型：采用堆栈方式分配内存空间，属于暂时性存储，其存储空间可以被若干变量多次覆盖使用。

register 存储类型：存放在通用寄存器中。

extern 存储类型：在所有函数和程序段中都可引用。

static 存储类型：在内存中是以固定地址存放的，在整个程序运行期间都有效。

对于初学编程的读者，在此可以先不必注意存储类型，在学习了后续章节中有关变量的作用域与可见性后，便会对变量的存储类型有进一步的理解。

2.2.4　符号常量

除了前面讲过的直接用文字表示常量外，也可以为常量命名，这就是符号常量。符号常量在使用之前一定要首先声明，这一点与变量很相似。常量声明语句的形式为：

const　数据类型说明符　常量名=常量值;

或

数据类型说明符　const 常量名=常量值;

例如，可以声明一个代表圆周率的符号常量：

```
const float PI=3.1415926;
```

与直接使用文字常量相比，给常量起个有意义的名字有利于提高程序的可读性，而且如果程序中多处用到同一个文字常量（如圆周率 3.14），当需要对该常量值进行修改时（例如改为3.1416），往往顾此失彼，引起不一致。使用符号常量，由于只在声明时赋予初值，修改起来十分简单，因而可以避免因修改常量值带来的不一致性。

2.2.5　运算符与表达式

现在为止，我们了解了 C++语言中各种类型数据的特点及其表示形式。那么如何对这些数据进行处理和计算呢？通常当要进行某种计算时，都要首先列出算式，然后求解其值。当利用C++语言编写程序求解问题时也是这样。在程序中，表达式是计算求值的基本单位。

我们可以简单地将表达式理解为用于计算的公式，它由运算符（例如：+，-，*，／）、运算量（也称操作数，可以是常量、变量等）和括号组成。执行表达式所规定的运算，所得到的结果值便是表达式的值。例如：a+b，x/y 都是表达式。

下面再用较严格的语言给表达式下一个定义，读者如果不能够完全理解也不要紧，表达式在程序中无处不在，而且接下来还要详细介绍各种类型的表达式，用得多了自然也就理解了。

表达式可以被定义为：

- 一个常量或标识对象的标识符是一个最简单的表达式，其值是常量或对象的值。
- 一个表达式的值可以用来参与其他操作，即用作其他运算符的操作数，这就形成了更复杂的表达式。
- 包含在括号中的表达式仍是一个表达式，其类型和值与未加括号时的表达式相同。

C++语言中定义了丰富的运算符，如算术运算符、关系运算符、逻辑运算符等。有些运算符需要两个操作数，使用形式为：

操作数 1　运算符　操作数 2

这样的运算符称为二元运算符（或二目运算符）。另一些运算符只需要一个操作数，称为一元运算符（或单目运算符）。

运算符具有优先级与结合性。当一个表达式中包含多个运算符时，先进行优先级高的运算，再进行优先级低的运算。如果表达式中出现了多个相同优先级的运算，运算顺序就要看运算符的结合性了。所谓结合性是指当一个操作数左右两边的运算符优先级相同时，按什么样的顺序进行运算，是自左向右，还是自右向左。

1. 算术运算符与算术表达式

执行算术运算是程序对数据进行处理的最基本能力，早期发明计算机的目的就是协助人们进行计算。C++中用于算术运算的运算符包括自增（++）和自减（-）运算符、加法类运算符加（+）和减（-）、乘法类运算符乘（*）、除（／）和取余（%）。*、／、%、++和-运算符有前置形式和后置形式。算术运算符的优先次序如表 2-3 所示。

表 2-3　算术运算符的优先次序

运 算 符	优 先 级	结 合 性
后置++ 后置--	高	左→右
前置++ 前置--		右→左
* ／ %	低	左→右
+ -		左→右

由算术运算符构成的表达式称为算术表达式。

【例 2-2】算术运算的应用。

主要知识点：算术运算符的使用和相关注意事项：

（1）算术运算符+、-、*、/ 的含义及运算次序与数学中是一样的，但是要注意两个整数相除时，结果是取整，小数部分会被截掉。

（2）% 运算符的作用是两数相除，取余数作为结果。

（3）++、-运算符实现变量值增加 1 和减小 1 的功能。后置的情况是先使用量的值然后增 1 或减 1；前置的情况是变量先增加 1 或减小 1 之后再参与其他运算。

源代码：

```cpp
#include <iostream>
using namespace std;
int main()
{
    int val1=24;
    int val2=5;
    double val3=24;
    double val4=5;
    cout<<"int/int, 24/5= "<<val1/val2<<endl;          //整型数据相除，有效位缺失
    cout<<"int/int, 24%5= "<<val1%val2<<endl;          //求余
    val2=-5;
    cout<< "int/int, 24%(-5)= "<<val1%val2<<endl;
    cout<< "double/double, 24/5= "<<val3/val4<<endl;
    //cout << "double/double, 24%5= "<<val3%val4<<endl; //错误，浮点操作数
    cout<<"double/int, 24/5= "<<val3/val2<<endl;       //按照double数进行求解
    cout<<"int/double, 24/5= "<<val1/val4<<endl;       //按照double数进行求解
    val1=5;
    cout<<"val1 = "<<val1<<endl;
    cout<<val1++<<", ";
    cout<<++val1<<", ";
    cout<<val1--<<", ";
    cout<<--val1<<endl ;
    val1=5;
    cout<<"val1 = "<<val1<<endl;
    cout<<val1++<<", "<<++val1<<", "<<val1--<<", "<<--val1<<endl;
}
```

程序运行结果：

```
int/int, 24/5= 4
int/int, 24%5= 4
int/int, 24%(-5)= 4
double/double, 24/5= 4.8
double/int, 24/5= -4.8
int/double, 24/5= 4.8
val1 = 5
5, 7, 7, 5
val1 = 5
4, 4, 4, 4
```

2. 赋值运算符与赋值表达式

C++提供了几个赋值运算符，其基本赋值运算符号为 "="，其功能是将 "=" 右边的表达

式值赋给"="左边的对象，例如：

```
int ival;
ival=2;
char ch;
ch='A';
```

赋值运算符"="与数学上的等号相同，在编程过程中很容易和逻辑等"=="相混淆，这也是初学者特别需要注意的问题。

另外，C++还提供了 10 种复合赋值运算符：*=、/=、%=、+=、-=、>>=、<<=、&=、^=、|=。其中前 5 个是赋值运算符与算术运算符复合而成的，后 5 个是赋值运算符与位运算符复合而成的（关于位运算，稍后再作介绍）。这 10 种复合的赋值运算符的优先级相同，高于逗号运算符，低于其他运算符，运算次序为自右向左。除了将"="右边的值赋给等号左边，表达式本身也有计算结果，就是赋值操作所赋予的值。

表达式 a=b=5 等效于 a=(b=5)。

表达式 El op= E2 等效于 El= El op E2。例如：a+=b 等同于 a=a+b。

还有一个需要注意的问题就是，当赋值操作两边的类型不相同时，会引发 C++的隐式类型转换，表达式的类型转换成左边变量的类型，

```
int ival=3.1415926;
cout<<"ival= "<<ival<<endl;
```

在编译的时候并不会引起报错或是警告，但是运行的结果却是：

```
ival= 3
```

也就是说，C++作了从 double 到 int 的类型转换。

但是，未必所有的"不搭配"都可以成功地进行隐式类型转换。如果转换不成功就会引发编译器错误。

【例 2-3】赋值运算的应用。

主要知识点：赋值运算符"="。

C++没有赋值语句，将赋值作为一个运算。赋值运算符将右边操作数的值赋给左边的操作数，整个赋值表达式的值就是被赋给左边变量的值。

源代码：

```
#include <iostream>
using namespace std;
int main()
{
    int  ival1, ival2;
    double fval;
    char cval;
    ival1=1;
    ival2=2;
    cout<<"ival1= "<<ival1<<endl;
    cout<<"ival2= "<<ival2<<endl;
    ival1=ival2=0;
    ival1=fval=0;
```

```
        ival1=cval='a';
        cout<<"ival1= "<<ival1<<endl;
        cout<<"ival2= "<<ival2<<endl;
        cout<<"fval= "<<fval<<endl;
        cout<<"cval= "<<cval<<endl;
        int ival3=fval=8;
        cout<<"ival3= "<<ival3<<endl;
        cout<<"fval= "<<fval<<endl;
        cout<<"ival1 = "<<ival1<<", ival2 = "<<ival2<<endl;
        ival2=-ival1++;
        cout <<"ival2 = -ival1++, ival1= "<<ival1<<", ival2    = "<<ival2<<endl;
        ival1=++ival2+ival1;
        cout<<"ival1 = ++ival2+ival1, ival1= "<<ival1<<endl;
        return 0;
}
```

程序运行结果:

```
ival1= 1
ival2= 2
ival1= 97
ival2= 0
fval= 0
cval= a
ival3= 8
fval= 8
ival1 = 97, ival2 = 0
ival2 = -ival1++, ival1= 98, ival2 = -97
ival1 = ++ival2+ival1, ival1= 2
```

3. 逗号运算符与逗号表达式

在 C++中，逗号也是一个运算符。逗号表达式是一系列由逗号分开的表达式，这些表达式从左向右计算。逗号表达式的结果是最右边表达式的值。例如:

```
bool bval=true;
int ival1,iva12;
(bval)? ival1=1,iva12=ival1:iva12=2,ival1=ival1;
Cout<<"ival1= "<<ival1<<endl;
Cout<<"iva12= "<<iva12<<endl;
```

运行时将输出下列内容:

```
Ival1=1
iva12=1
```

4. 关系运算符和关系表达式

关系运算用于比较数据之间的大小关系，其运算结果只能为 true 或 false。在 C++中也提供了用于比较、判断的关系运算符，如表 2-4 所示，关系运算符的优先级相同，运算次序为自左向右。例如，如果有如下变量定义及初始化:

```
int i=35,j=36;
```

则表达式"i<j"的值为 true。由关系运算符构成的表达式，称为关系表达式。

表 2-4　关系运算符

运 算 符	应 用 语 法	作 用
<	expres1 < expres2	判断左侧操作数是否小于右侧操作数，是则结果为 true，否则结果为 false
<=	expres1 <= expres2	判断左侧操作数是否小于或等于右侧操作数，是则结果为 true，否则结果为 false
>	expres1 > expres2	判断左侧操作数是否大于右侧操作数，是则结果为 true，否则结果为 false
>=	expres1 >= expres2	判断是否左侧操作数大于或等于右侧操作数，是则结果为 true，否则结果为 false
==	expres1 == expres2	比较两边的操作数是否相等，如果相等，运算结果为 true，如果不相等，运算结果为 false
!=	expres1!= expres2	比较两边的操作数是否不相等，如果不相等，运算结果为 true，如果相等，运算结果为 false

5. 逻辑运算符与逻辑表达式

仅仅有简单的大小和相等比较，无法表示数据间的复杂关系。比如，要判断是否 a 大于 b 并且 x 小于 y，仅仅用关系运算和相等运算就不能实现，这时就需要用逻辑运算来实现这个"并且"关系。C++提供了逻辑运算符，如表 2-5 所示。逻辑运算可以将多个关系表达式和相等表达式组合起来，构成复杂的逻辑判断。3 种逻辑运算的优先级依次为!、&&、||，逻辑非（!）运算符的优先级高于关系运算符，而&&和||的优先级低于关系运算符和相等运算符。

表 2-5　逻辑运算符

运 算 符	应 用 语 法	作 用
!	!expres	逻辑非。如果操作数的值为 true，运算结果为 false，反之运算结果为 true
&&	expres1 && expres2	逻辑与。当两个操作数均为 true，运算结果为 true。只要有一个操作数为 false，运算结果就是 false
||	expres1 || expres2	逻辑或。当两个操作数均为 false，运算结果为 false。只要有一个操作数为 true，运算结果就是 true

【例 2-4】比较一组数据，并输出比较结果。

源代码：

```cpp
#include <iostream>
using namespace std;
int main()
{
    int ival1=1, ival2=2, ival3=3, ival4=4;
    bool nFlag;
    nFlag=ival1==ival2?true:false;
    cout<<"Is 1 equals 2?: "<<nFlag<<endl;
    nFlag=ival1<ival2?true:false;
    cout<<"Is 1less than 2?: "<<nFlag<<endl;
    nFlag=(ival1<ival2 && ival3<ival4)?true:false;
    cout<<"Is 1less than 2 and 3 less than 4: "<<nFlag<<endl;
}
```

程序运行结果：

```
Is 1 equals 2?: 0
Is 1less than 2?: 1
Is 1less than 2 and 3 less than 4: 1
```

6. sizeof 运算符

sizeof 运算符的作用是返回一个对象或类型的字节长度。使用 sizeof 运算符，可以有 3 种形式：

```
sizeof (类型名称)
sizeof (表达式)
sizeof 对象
```

【例 2-5】sizeof 运算符的应用。

源代码：

```cpp
#include <iostream>
#include <iostream>
#include <string>
using namespace std;
int main()
{
    cout<<"sizeof(short)= "<<sizeof(short)<<endl;
    cout<<"sizeof(unsigned short)= "<<sizeof(unsigned short)<<endl;
    cout<<"sizeof(int)= "<<sizeof(int)<<endl;
    cout<<"sizeof(unsigned int)= "<<sizeof(unsigned int)<<endl;
    cout<<"sizeof(long)= "<<sizeof(long)<<endl;
    cout<<"sizeof(unsigned long)= "<<sizeof(unsigned long)<<endl;
    cout<<"sizeof(float)= "<<sizeof(float)<<endl;
    cout<<"sizeof(double)= "<<sizeof(double)<<endl;
    cout<<"sizeof(long double)= "<<sizeof(long double)<<endl;
    cout<<"sizeof(char)= "<<sizeof(char)<<endl;
    return 0;
}
```

程序运行结果：

```
sizeof(short)= 2
sizeof(unsigned short)= 2
sizeof(int)= 4
sizeof(unsigned int)= 4
sizeof(long)= 4
sizeof(unsigned long)= 4
sizeof(float)= 4
sizeof(double)= 8
sizeof(long double)= 8
sizeof(char)= 1
```

7. 位运算符

位运算操作的是"位"，在 C++中提供了 6 个位运算符，可以对整数进行位操作。表 2-6 详细列出了关于位运算符的相关信息。

表 2-6　位运算符

运算符	使用语法	作　　用
~	~expres	按位非，将操作数的每一位翻转，原来是 0 的变为 1，原来是 1 的变为 0
<<	Expres1<<expres2	左移，将操作数的各位依次左移，右端补 0
>>	Expres1>>expres2	右移，将操作数的各位依次右移，有符号数的右端补原来的符号位值，无符号数的右端补 0
&	Expres1&expres2	按位与，将两个操作数的对应位进行与运算，对应位均为 1 时，结果的对应位为 1，否则结果的对应位为 0
^	Expres1^expres2	按位异或，将两个操作数的对应位进行异或，对应位不同时，结果的对应位为 1，如果对应位相同则结果的对应位为 0
		Expres1|expres2	按位或，将两个操作数的对应位进行或运算，对应位均为 0 时，结果的对应位为 0，否则结果的对应位为 0

【例 2-6】位运算符的应用。

源代码：

```cpp
#include <iostream>
#include <bitset>
using namespace std;
void main()
{
    cout<<"~15 = "<<(~15)<<endl;
    cout<<"15 & 21 = "<<(15&21)<<endl;
    cout<<"15 ^ 21 = "<<(15^21)<<endl;
    cout<<"15 | 21 = "<<(15|21)<<endl;
    unsigned int nTest=9;
    cout<<"nTest = "<<nTest<<endl;
    nTest |=1<<4;                    //将第 4 位置为 1
    cout<<"After set the position 4 to 1, nTest = "<<nTest<<endl;
    nTest &=~(1<<4);                 //将第 4 位置 0
    cout<<"After set the position 4 to 0, nTest = "<<nTest<<endl;
    bool nFlag;
    for(int i=0; i<16; i++){         //实现翻转
        nFlag=nTest&(1<<i);
        if(nFlag) {
                nTest &=~(1<<i);
        }
        else{
                nTest |=1<<i;
        }
    }
    cout <<"After flip, nTest = "<<nTest<<endl;
}
```

程序运行结果：

```
~15 = -16
15 & 21 = 5
15 ^ 21 = 26
15 | 21 = 31
```

```
nTest = 9
After set the position 4 to 1, nTest = 25
After set the position 4 to 0, nTest = 9
After flip, nTest = 65526
```

8. 混合运算时数据类型的转换

表达式中出现了多种类型数据的混合运算时，往往需要进行类型转换。表达式中的类型转换分为两种：隐含转换和显式转换。

（1）隐含转换

算术运算符、关系运算符、逻辑运算符、位运算符和赋值运算符这些二元运算符，要求两个操作数的类型一致。在算术运算和关系运算中如果参与运算的操作数类型不一致，编译系统会自动对数据进行转换（即隐含转换）。转换的基本原则是将低类型数据转换为高类型数据。类型越高，数据的表示范围越大，精度也越高，各种类型的高低顺序如下：

char   short   int   unsigned   long   unsigned long   float   double

低———————————————————————————————————→高

下面列出了隐含转换的规则。这种转换是安全的，因为在转换过程中数据的精度没有损失。

① 一个操作数是 long double 型，将另一个操作数转换为 long double 型。

② 前述条件不满足，并且有一个操作数是 double 型，将另一个操作数转换为 double 型。

③ 前述条件不满足，并且有一个操作数是 float 型，将另一个操作数转换为 float 型。

④ 前述条件不满足（两个操作数都不是浮点数）：

● 有一个操作数是 unsigned long 型，将另一个操作数转换为 unsigned long 型。

● 有一个操作数是 long 型，另一个操作数是 unsigned long 型，将两个操作数都转换为 unsigned long 型。

⑤ 前述条件不满足，并且有一个操作数是 long 型，将另一个操作数转换为 long 型。

⑥ 前述条件不满足，并且有一个操作数是 unsigned int 型，将另一个操作数转换为 unsigned int 型。

⑦ 前述条件都不满足，将两个操作数都转换为 int 型。

逻辑运算符要求参与运算的操作数必须是 bool 型，如果操作数是其他类型，编译系统会自动将其转换为 bool 型。转换方法是：非 0 数据转换为 true，0 转换为 false。

位运算的操作数必须是整数，当二元位运算的操作数是不同类型的整数时，编译系统也会自动进行类型转换，转换时会遵循上述隐含转换的规则。

赋值运算要求左值（赋值运算符左边的值）与右值（赋值运算符右边的值）的类型相同，若类型不同，编译系统会自动进行类型转换。但这时的转换不适用上述列出的隐含转换的规则，而是一律将右值转换为左值的类型。

下面的程序段说明了类型转换的规则。

```
float fVal;
double dVal;
int iVal;
Unsigned long ulVal;
dVal=iVal*ulVal;     //iVal 被转换为 unsigned long，乘法运算的结果被转换为 double
dVal=ulVal+fVal;     //ulVal 被转换为 float。加法运算的结果被转换为 double
```

（2）显式转换

显式类型转换的作用是将表达式的结果类型转换为另一种指定的类型。例如，显式类型转换语法形式有两种：

```
类型说明符（表达式）        //C++风格的显式转换符号
```

或

```
（类型说明符）表达式        //C语言风格的显式转换符号
```

这两种写法只是形式上有所不同，功能完全相同。

显式类型转换的作用是将表达式的结果类型转换为类型说明符所指定的类型。例如：

```
float z=7.56, fractionPart;
int wholePart;
wholePart=int(z);
fractionPart=z-(int)z;   //用 z 减去其整数部分，得到小数部分
```

标准 C++也支持上面两种类型显式转换语法，此外又定义了 4 种类型转换操作符：static_cast, dynamic_cast, const_cast 和 reinterpret_cast，语法形式如下：

```
const_cast<类型说明符>（表达式）
dynamic_cast<类型说明符>（表达式）
reinterpret_cast(类型说明符>（表达式）
static_cast<类型说明符>（表达式）
```

static_cast, const_cast 和 reinterpret_cast 三种类型转换操作符的功能，都可以用标准 C++之前的两种类型转换语法来描述。用 "类型说明符(表达式)" 和 "(类型说明符)表达式" 所描述的显式类型转换，也可以用 static_cast, const_cast 和 reinterpret_cast 中的一种或两种的组合加以描述。也就是说，标准 C++之前的类型转换语法所能完成的功能被细化为 3 类，分别对应于 static_cast, const_cast 和 reinterpret_cast。初学者如果不能区分这 3 种类型转换操作符，可以统一写成 "(类型说明符)表达式" 的形式，但这 3 种类型转换操作符的好处在于，由于分类被细化，语义更加明确，也就更不容易出错。

本章所介绍的基本数据类型之间的转换都适用于 static_cast。例如，上例中的 int(z)和(int)z 都可以替换为 static_cast<int>(z)。static_cast 除了在基本数据类型之间转换外，还有其他功能。static_cast 的其他功能和 const_cast, dynamic_cast, reinterpret_cast 的用法将在后面的章节中陆续加以介绍。

使用显式类型转换时，应该注意以下两点：

- 这种转换可能是不安全的。从上面的例子中可以看到，将高类型数据转换为低类型时，数据精度会受到损失。
- 这种转换是暂时的、一次性的。比如在上面的例子中第 3 行，强制类型转换 int(z)只是将 float 型变量 z 的值取出来，临时转换为 int 型，然后赋给 wholePart。这时变量 z 所在的内存单元中的值并未真正改变，因此再次使用 z 时，用的仍是 z 原来的浮点类型值。

2.2.6　语句

程序的执行流程是由语句来控制的，执行语句便会产生相应的效果。C++的语句包括标号语句、表达式语句、复合语句、选择语句、循环语句、跳转语句、声明语句几类。本章只介绍

声明语句、表达式语句和复合语句。其他语句用于流程控制，将在后续章节中介绍。

1. 声明语句

在 C++语言中，对变量名、函数原型、类名、对象名等进行声明的语句称为声明语句，例如：

```
int ival=0;
```

声明语句只是声明一个名称，并不涉及内存分配和代码实现。但是在 C++中，对象的声明也是定义，会分配相应的内存空间。

2. 表达式语句

在 C++的语句中，如果在表达式末尾添加一个分号（;）就构成了表达式语句，例如：a=a+3; 便是一个表达式语句，它实现的功能与赋值表达式相同。表达式与表达式语句的不同点在于：一个表达式可以作为另一个更为复杂表达式的一部分，继续参与运算，而语句则不能。

3. 复合语句

在实际程序的编制过程中，经常需要执行两条或者两条以上的语句序列。在这种情况下，我们用一个复合语句来代替单个语句。

复合语句是由一对花括号括起来的语句序列，复合语句是一个独立的单元，它可以出现在程序单个语句任何出现的地方。复合语句不需要用分号结束。

 ## 2.3 数据的输入与输出

2.3.1 I/O 流

在 C++中，将数据从一个对象到另一个对象的流动抽象为"流"。流在使用前要被建立，使用后要被删除。从流中获取数据的操作称为提取操作，向流中添加数据的操作称为插入操作。数据的输入与输出是通过 I/O 流来实现的，cin 和 cout 是预定义的流类对象。cin 用来处理标准输入，即键盘输入。cout 用来处理标准输出，即屏幕输出。

2.3.2 预定义的插入符和提取符

"<<"是预定义的插入符，作用在流类对象 cout 上便可以实现屏幕输出。格式如下：

```
cout<<表达式 1<<表达式 2<<…
```

在输出语句中，可以串联多个插入运算符，输出多个数据项。在插入运算符后面可以写任意复杂的表达式，编译系统会自动计算出它们的值并传递给插入符。例如：

```
cout<<"Hello !\n";
```

将字符串"Hello!"输出到屏幕上并换行。

```
cout<<"a+b="<<a+b;
```

将字符串"a+b="和表达式 a+b 的计算结果依次输出在屏幕上。

键盘输入是将提取符作用在流类对象 cin 上。格式如下：

cin>>表达式 1>>表达式 2>>…

在输入语句中，提取符可以连续写多个，每个后面跟一个表达式，该表达式通常是用于存放输入值的变量。例如：

```
int a,b;
cin>>a>>b;
```

要求从键盘上输入两个 int 类型数，两数之间以空格分隔。若输入：

5　6↵

这时，变量 a 得到的值为 5，变量 b 得到的值为 6。

2.3.3　简单的 I/O 格式控制

当使用 cin，cout 进行数据的输入和输出时，无论处理的是什么类型的数据，都能够自动按照正确的默认格式处理。但这还不够，我们经常会需要设置特殊的格式。设置格式有很多方法，将在后续章节做详细介绍，本节只介绍最简单的格式控制。

C++ I/O 流类库提供了一些操作符，可以直接嵌入输入/输出语句中来实现 I/O 格式控制。要使用操作符，首先必须在源程序的开头包含 iomanip 头文件。表 2-7 中列出了几个常用的 I/O 流类库操作符。

表 2-7　常用的 I/O 流类库操作符

操 作 符 名	含 　 义
dec	数值数据采用十进制表示
hex	数值数据采用十六进制表示
oct	数值数据采用八进制表示
ws	提取空白符
endl	插入换行符，并刷新流
ends	插入空字符
setprecision(int)	设置浮点数的小数位数（包括小数点）
setw(int)	设置域宽

例如，要输出浮点数 3.1415 并换行，设置域宽为 5 个字符，小数点后保留两位有效数字，输出语句如下：

```
cout<<setw(5)<<setprecision(3)<<3.1415<<endl;
```

 ## 2.4　算法的基本控制结构

为了借助计算机来解决问题，需要以程序来描述问题和解决问题的方法，这不仅需要能够在程序中表示数据和进行简单计算，还需要能够描述复杂的处理逻辑。当待解决的问题非常简单时，我们可以在程序中仅仅使用顺序结构，但是当问题稍微复杂时，就需要能够描述选择、循环等算法逻辑。在前面章节，介绍了简单的顺序结构的程序，本节将介绍分支结构和循环结构。

2.4.1 分支结构

在处理问题时，我们常常需要对情况进行判断，然后作出选择。在程序中如何实现这种判断与选择呢？首先，我们需要将选择操作的特征进行抽象，可以分为二选一的情况，以及面临多种选择的情况。即首先判断某种条件是否成立，然后根据条件从两个分支中选择一个。或者根据某个表达式的结果值，决定从多条分支中选择一条路径。但是选择往往不是只做一次，在解决问题的整个过程中经常需要多次进行选择，通过分支结构的嵌套可以实现。

1. 用 if 语句实现选择结构

if 语句是专门用来实现选择型结构的语句，其执行规则为，根据表达式是否为 true，有条件地执行一个分支。常见的 if 语句的形式有：

（1）单分支结构

```
if(条件){
…
}
```

（2）两分支结构

```
if(条件){
…
}
else
{
}
```

（3）多分支结构

```
if(条件1){
…
}
else if(条件2){
…
}
else{
…
}
```

【例 2-7】输入两个整数，比较两个数的大小。

源代码：

```
#include <iostream>
using namespace std;
int main() {
    int x, y;
    cout<<"Enter x and y:";
    cin>>x>>y;
    if(x!=y)
        if(x>y)
            cout<<"x > y"<<endl;
```

```
        else
            cout<<"x < y"<<endl;
    else
        cout<<"x = y"<<endl;
    return 0;
}
```

程序运行结果 1：

```
Enter x and y:5 8
x < y
```

程序运行结果 2：

```
Enter x and y:8 8
x = y
```

程序运行结果 3：

```
Enter x and y:12 8
x > y
```

2. Switch 语句

在有的问题中，虽然需要进行多次判断选择，但是每一次都是判断同一表达式的值，这样就没有必要在每一个嵌套的 if 语句中都计算一遍表达式的值，switch 语句专门用来解决这类问题。

switch 语句的语法如下：

```
switch(expres)
{   case    expresl:  statement1;
    case    expres2:  statement2;
    case    expres n: statement;
    default:          statement n+1;
}
```

expres 是一个表达式，case 后面的 expresl，expres2 等都是常量表达式，是 expres 计算结果的一个可能值，default 语句代表所有的 case 情况都不满足时，程序执行的语句。

【例 2-8】输入一个 0 ~ 6 的整数，转换成星期输出。（switch 语句的应用）。

源代码：

```
#include <iostream>
using namespace std;
int main() {
    int day;
    cin>>day;
    switch(day) {
    case 0: cout<<"Sunday"<<endl; break;
    case 1: cout<<"Monday"<<endl; break;
    case 2: cout<<"Tuesday"<<endl; break;
    case 3: cout<<"Wednesday"<<endl; break;
    case 4: cout<<"Thursday"<<endl; break;
    case 5: cout<<"Friday"<<endl; break;
    case 6: cout<<"Saturday"<<endl; break;
```

```
        default:
            cout<<"Day out of range Sunday .. Saturday"<<endl;
            break;
        }
        return 0;
}
```

运行结果：

```
6
Saturday
```

2.4.2 循环语句

计算机进行计算的一个最大特点就是运算速度快，对于需要用相同方法进行多次迭代的计算，用计算机程序来实现就会比人工计算快得多。比如求一个数列的前 n 项和，在程序中用循环语句来实现就会既简洁又高效。

C++中的循环语句有 3 种：for 语句、while 语句、do-while 语句。

1. while 语句

while 语句可以实现循环。例如，使用 while 语句进行输入，若表达式为假退出。

while 语句的使用非常简单，语法如下：

```
while(表达式) {
语句
}
```

while 语句尤其擅长在某个条件保持为真时不断执行。如在读写文件的时候，当没有读到文件结尾时，该循环一直执行，在这种情况下，使用 for 循环语句则显得比较勉强了。

2. do-while 语句

除了 while 语句之外，C++提供了另外一种循环语句，即 do-while 语句，这种语句的使用也比较简单，其语法为：

```
do      {语句}
while(表达式)
```

【例 2-9】输入一个数，将各位数字翻转后输出。

源代码：

```
#include <iostream>
using namespace std;
int main() {
    int n, right_digit, newnum=0;
    cout<<"Enter the number: ";
    cin>>n;

    cout<<"The number in reverse order is  ";
    do{
        right_digit=n % 10;
        cout<<right_digit;
```

```
      n/=10;  //相当于 n=n/10
   }while(n!=0);
   cout<<endl;
   return 0;
}
```

程序运行结果：

```
Enter the number: 365
The number in reverse order is  563
```

3. for 语句

for 语句的使用最为灵活，既可用于循环次数确定的情况，也可用于循环次数未知的情况。for 语句的语法形式如下：

```
for(express1; express2; express3)
statement
```

【例 2-10】输入一个整数，求出它的所有因子。

源代码：

```
#include <iostream>
using namespace std;
int main() {
   int n;
   cout<<"Enter a positive integer: ";
   cin>>n;
   cout<<"Number "<<n<<"  Factors  ";

   for(int k=1; k<=n; k++)
     if(n%k==0)
       cout<<k<<"  ";
   cout<<endl;
   return 0;
}
```

程序运行结果 1：

```
Enter a positive integer: 36
Number  36 Factors  1  2  3  4  6  9  12  18  36
```

程序运行结果 2：

```
Enter a positive integer: 7
Number  7  Factors  1  7
```

2.4.3　循环与选择结构的嵌套

1. 循环结构的嵌套

一个循环结构又可以包括另一个完整的循环结构，构成多重循环结构。while、do-while 和 for 3 种循环语句可以相互嵌套。

【例 2-11】打印九九乘法表。

源代码：

```
#include <iostream>
using namespace std;
int main(){
int i,j;
for(i=1;i<10;i++){
    j=1;
    do{
        cout<<i<<"*"<<j<<"="<<i*j<<"\t";
        j=j+1;
    }while(j<10);
    cout<<endl;
    }
  return 0;
}
```

程序运行结果：

1*1=1	1*2=2	1*3=3	1*4=4	1*5=5	1*6=6	1*7=7	1*8=8	1*9=9
2*1=2	2*2=4	2*3=6	2*4=8	2*5=10	2*6=12	2*7=14	2*8=16	2*9=18
3*1=3	3*2=6	3*3=9	3*4=12	3*5=15	3*6=18	3*7=21	3*8=24	3*9=27
4*1=4	4*2=8	4*3=12	4*4=16	4*5=20	4*6=24	4*7=28	4*8=32	4*9=36
5*1=5	5*2=10	5*3=15	5*4=20	5*5=25	5*6=30	5*7=35	5*8=40	5*9=45
6*1=6	6*2=12	6*3=18	6*4=24	6*5=30	6*6=36	6*7=42	6*8=48	6*9=54
7*1=7	7*2=14	7*3=21	7*4=28	7*5=35	7*6=42	7*7=49	7*8=56	7*9=63
8*1=8	8*2=16	8*3=24	8*4=32	8*5=40	8*6=48	8*7=56	8*8=64	8*9=72
9*1=9	9*2=18	9*3=27	9*4=36	9*5=45	9*6=54	9*7=63	9*8=72	9*9=81

2. 循环结构与选择结构的相互嵌套

循环结构与选择结构可以相互嵌套，以实现较为复杂的算法，选择结构的任意一个分支中都可以嵌套一个完整的循环结构，同样，循环体中也可以包含完整的选择结构。

【例2-12】读入一系列整数，统计出正整数个数 i 和负整数个数 j，读入 0 则程序结束。

源代码：

```
#include <iostream>
using namespace std;
int main() {
    int i=0, j=0, n;
    cout<<"Enter some integers please (enter 0 to quit): "<<endl;
    cin>>n;
    while(n!=0) {
      if(n>0) i+=1;
      if(n<0) j+=1;
      cin>>n;
    }
    cout<<"Count of positive integers: " <<i<<endl;
    cout<<"Count of negative integers: " <<j<<endl;
    return 0;
}
```

2.4.4　break 和 continue 语句

break 和 continue 语句是为了"中断"和"继续"程序使用的。这两种语句常常在循环语句中使用，比如 for 或者 while 循环中。

要注意的是，break 语句终止的是最近的 while 和 for 或者 switch 语句，程序的执行权被传递给紧接被终止语句之后的语句。

switch 语句中常常伴随 break 语句，详细可以参看例 2.4.1。

【例 2-13】编写程序，求圆面积在 100 m^2 以内的半径，输出所有满足条件的半径值和圆面积的值，并输出第 1 个大于 100 的圆半径和圆面积。

分析:计算圆面积的表达式为:依次取半径为 1,2,3…，循环计算圆的面积 area，当 area>100 时结束。

源代码:

```cpp
#include <iostream>
using namespace std;
int main(){
    double pi=3.14159,area;
    int r;
    cout<<"面积在 100 平方米以内的圆半径和圆面积: "<<endl;
    cout<<"半径"<<"\t"<<"圆面积"<<endl;
    for(r=1;r<=10;r++)
    {
      area=pi*r*r;
      if(area>100)
          break;
      cout<<"r="<<r<<"\t"<<"area="<<area<<endl;
    }
    cout<<"第 1 个面积大于 100 平方米的圆半径和圆面积为: "<<endl;
    cout<<"r="<<r<<"\t"<<"area="<<area<<endl;
    return 0;
}
```

程序运行结果:

```
面积在 100 平方米以内的圆半径和圆面积:
半径     圆面积
r=1      area=3.14159
r=2      area=12.5664
r=3      area=28.2743
r=4      area=50.2654
r=5      area=78.5397
第 1 个面积大于 100 平方米的圆半径和圆面积为:
r=6      area=113.097
```

【例 2-14】编写程序，输出在 50～100 中不能被 3 整除的数。

分析：不能被 3 整除的数，也就意味着该数除以 3 的余数不等于 0，则输出该数；如果该数除以 3 的余数等于 0，则不输出该数。

主要知识点：continue 语句。

源代码：

```cpp
#include <iostream>
using namespace std;
int main(){
    int n=50;
    for(;n<=100;n++)
    {
        if(n%3==0)
        continue;
        else
        cout<<n<<'\t';
    }
    cout<<endl;
    return 0;
}
```

程序运行结果：

50	52	53	55	56	58	59	61	62	64
65	67	68	70	71	73	74	76	77	79
80	82	83	85	86	88	89	91	92	94
95	97	98	100						

 # 2.5　自定义数据类型

C++语言不仅有丰富的内置基本数据类型，而且还允许用户自定义数据类型。自定义数据类型有：枚举类型、结构类型、联合类型、数组类型、类类型等。本节将介绍枚举类型，其他类型将在后续章节介绍。

2.5.1　typedef 声明

编写程序时，除了可以使用内置的基本数据类型名和自定义的数据类型名以外，还可以为一个已有的数据类型另外命名。这样，就可以根据不同的应用场合，给已有的类型命名一些有具体意义的别名，有利于提高程序的可读性。给比较长的类型名命名一个短名，还可以使程序简洁。typedef 就是用于将一个标识符声明成某个数据类型的别名，然后将这个标识符当作数据类型使用。

类型声明的语法形式：

typedef 已有类型名　新类型名表；

其中，新类型名表中可以有多个标识符，它们之间以逗号分隔。可见，在一个 typedef 语句中，可以为一个已有数据类型声明多个别名。

例如：

```cpp
typedef double area,volume;
typedef int Natural;
Natural i1,i2;
Area a;
Volume v;
```

2.5.2　枚举类型 enum

一场比赛的结果只有胜、负、平局、比赛取消 4 种情况；一个袋子里只有红、黄、蓝、白、黑 5 种颜色的球；一个星期只有星期一、星期二、…、星期日 7 天。上述这些数据只有有限的几种可能值，虽然可以用 int，char 等类型来表示，但是对数据的合法性检查却是一件很麻烦的事。例如，如果用整数 0~6 来代表一星期的 7 天，那么变量值为 8 便是不合法数据。C++中的枚举类型就是专门用来解决这类问题的。

只要将变量的可取值一一列举出来，便构成了一个枚举类型。枚举类型的声明形式如下：

```
enum  枚举类型名{变量值列表};
```
例如：

```
enum    Weekday(SUN,MON,TUE,WED,THU,FRI,SAT);
```

对枚举元素按常量处理，不能对它们赋值。例如，下面的语句是非法的：

```
SUN=0; //SUN 是枚举元素，此语句非法
```

枚举元素具有默认值，它们依次为：0，1，2，…。例如，上例中 SUN 的值为 0，MON 为 1，TUE 为 2，…，SAT 为 6。也可以在声明时另行定义枚举元素的值，如：

```
enum Weekday {SUN=7,MON=1,TUE,WED,THU,FRI,SAT};
```

定义 SUN 为 7，MON 为 1，以后顺序加 1，SAT 为 6。

枚举值可以进行关系运算。整数值不能直接赋给枚举变量，如需要将整数赋值给枚举变量，应进行强制类型转换。

【例 2-15】设某次体育比赛的结果有 4 种可能：胜（WIN）、负（LOSE）、平局（TIE）、比赛取消（CANCEL），编写程序顺序输出这 4 种情况。

分析：由于比赛结果只有 4 种可能，所以可以声明一个枚举类型，声明一个枚举类型的变量来存放比赛结果。

源代码：

```
#include <iostream>
using namespace std;
enum GameResult {WIN, LOSE, TIE, CANCEL};
int main() {
    GameResult result;
    enum GameResult omit=CANCEL;
    for(int count=WIN; count<=CANCEL; count++) {
      result=GameResult(count);
      if(result==omit)
        cout<<"The game was cancelled"<<endl;
      else{
        cout<<"The game was played ";
        if(result==WIN)
          cout<<"and we won!";
        if(result==LOSE)
          cout<<"and we lost.";
        cout<<endl;
      }
```

```
    }
    return 0;
}
```

程序运行结果：

```
The game was played and we won!
The game was played and we lost.
The game was played
The game was cancelled
```

 ## 2.6　复杂数据及运算

　　运用基本数据类型，只能对简单数据建模。但是当需要处理大量同一类型的数据时，需要将一组相关的不同类型数据作为一个整体来存储和处理，需要模拟整数的某个有限子集，仅仅使用基本数据类型显然难以方便地建模。这时候，由基本类型数据复合而成的数组、结构体，以及由列举整数的子集而形成的枚举类型，可以有效地模拟略为复杂的数据。这样的复合数据类型是许多高级语言都普遍具有的，C++语言从 C 语言中继承了这些。

　　当函数之间需要共享大量数据的时候，以参数和返回值在函数之间传递数据会给函数的调用带来比较大的开销，影响程序的效率，而传递地址不失为一种高效的方案。对于处理大批量数据的程序来说，设计程序时可能无法确定运行时对存储空间的需求，这就需要在运行时动态申请内存。动态申请的存储空间与普通变量不同，不能命名，也就是没有变量名，于是就需要用内存地址去访问动态申请的内存空间。C++从 C 语言继承了灵活高效的指针类型，也就是地址类型。

　　本节主要介绍数组、结构体、枚举类型，以及动态内存分配和指针。这些都是从 C 语言中继承的类型，能够有效地支持面向过程的程序设计。但是以面向对象的观点去模拟复杂的事务，还需要抽象程度更高的"类"，这将在本书的后续章节进行介绍。以数组和指针来处理群体数据也是面向过程的方法，安全性不够好，程序的可重用性也不高。

2.6.1　数组

　　如果需要处理一组类型相同的数据，应该用什么方案呢？多数时候，对大批量同类型数据的处理，所用的方法都是相同的，也就是说，经常需要依次按照相同方法处理同类型的不同数据。在高级程序设计语言中数组正是用来组织、存储和表示这种批量同类型数据的。

　　数组是具有一定顺序关系的若干对象的集合体，组成数组的对象称为该数组的元素。数组元素用数组名与带方括号的下标表示，同一数组的各元素具有相同的类型。数组可以由除 void 型以外的任何一种类型构成。

　　数组可以用来存储和表示线性序列，二维数组可以存储和表示数学中的矩阵。

1.　一维数组的声明与使用

　　与基本类型的变量一样，要使用一个数组首先要声明它，并且在大多数情况下声明的同时也是定义，也就是说在声明数组的时候即为之分配了内存空间，当然也可以同时进行初始化。声明一个数组包括声明数组名、元素的类型、数组的结构。

一维数组类型声明的语法形式为：

```
T Name[size]
```

其中 T 为类型名，如 int 型、float 型等，Name 为数组名，size 为常量表达式，表示数组的大小。

【例 2-16】编写程序，计算出 Fibonacci 数列前 20 项的值，将计算结果保存到数组 FBNC 中。并将其输出到屏幕上，每行 5 项，一共 4 行。

分析：本例求解的问题是用数组 FBNC[n]保存数列的每一项，Fibonacci 数列的组成规律为：

```
FBNC[0]=0
FBNC[1]=1
...
FBNC[i]=FBNC[i-1]+FBNC[i-2](i=2,3,...,n)
```

从第 3 项开始，每个数据项的值为前两个数据项的和。

本例题只要计算前 20 项的值。可以采用一维整型数组 int FBNC[20]来保存这个数列的前 20 项。

源代码：

```cpp
#include <iostream>
using namespace std;
int main() {
int i;
unsigned long FBNC[20] ;
FBNC[0]=0;
FBNC[1]=1;
for(i=2;i<20;i++)
    FBNC[i]=FBNC[i-2]+FBNC[i-1];
cout<<"Fibonacci 数列的前 20 项的值为: \n";
for(i=0;i<20;i++)
{
    if(i%5==0)
      cout<<endl;
    if(i<10)
      cout<<"F"<<"["<<i<<"]"<<"="<<FBNC[i]<<"\t\t";
    else
      cout<<"F"<<"["<<i<<"]"<<"="<<FBNC[i]<<"\t";
}
    return 0;
}
```

程序运行结果：

```
Fibonacci 数列的前 20 项的值为:
F[0]=0        F[1]=1        F[2]=1        F[3]=2        F[4]=3
F[5]=5        F[6]=8        F[7]=13       F[8]=21       F[9]=34
F[10]=55      F[11]=89      F[12]=144     F[13]=233     F[14]=377
F[15]=610     F[16]=987     F[17]=1597    F[18]=2584    F[19]=4181
```

2. 多维数组的声明与使用

一维数组是最基本的数组，一个数组又可以作为元素去构成更复杂的数组，也就是说可以声明"数组的数组"。例如，一个可以表示矩阵或二维表格的二维数组，实际上就是由一维数组构成的数组，我们以二维数组为例，说明多维数组的声明与使用。

声明多维数组语法形式如下：

T　Name[sizel][size2]…;

其中 sizel，size2，…为常量表达式，分别表示各维度的大小。

【例 2-17】程序功能是向一个具有 3 行 4 列的二维数组 a[3][4]，输入数值并输出全部数组的元素。阅读程序，了解多维数组元素的输入/输出方法。

源程序：

```
#include <iostream>
using namespace std;
int main() {
int i,j;
int a[3][4];
cout<<"please input value of a(a[0][0]-a[2][3])"<<endl;
for(i=0;i<3;i++)
    for(j=0;j<4;j++)
        cin>>a[i][j];
cout<<"The value of a is :"<<endl;
for(i=0;i<3;i++)
{
    for(j=0;j<4;j++)
        cout<<a[i][j]<<"\t";
    cout<<endl;
}
return 0;
}
```

程序运行结果：

```
please input value of a(a[0][0]-a[2][3])
1 2 3 4 5 6 7 8 9 10 11 12
The value of a is :
1       2       3       4
5       6       7       8
9       10      11      12
```

2.6.2　指针

指针是 C++从 C 语言中继承过来的重要数据类型，它提供了一种较为直接的地址操作手段。

1. 数据在内存中的地址

前面的例题中，我们都是通过定义变量的方式为数据分配内存空间，使得变量名与该变量所占有的内存空间相联系，然后通过变量名来操作数据，也就是访问数据所在的内存空间，这是所有高级语言的共同特点。但是 C 语言同时具有高级语言与汇编语言的特征，能够直接通过地址去访问内存单元，而 C++继承了 C 语言的这一特性。直接使用地址，可以使程序更加灵活高效，但是也降低了程序的可读性，增加了出错的机会。

【例 2-18】观察变量在内存中的地址。

主要知识点：变量的地址。

源代码：

```cpp
#include <iostream>
using namespace std;
int main()
{
    int intVal=1,
    double dVal=2.0;
    int  intarray[3]={0,1,2};
    cout<<&intVal<<';'<<intVal<<endl;
    cout<<&dVal<<';'<<dVal<<endl;
    cout<<intarray<<';'<<endl;
    cout<<&intarray[0]<<';'<<&intarray[1]<<';'<<endl;
    return 0;
}
```

程序运行结果：

```
0018FF44;1
0018FF40;2
0018FF34;
0018FF34;0018FF38;
```

2. 指针及指针运算

既然在 C/C++程序中可以得到内存单元的地址，那么地址类型的数据应该存放在什么变量中？C/C++中容纳地址的变量称为指针类型的变量。指针变量使用之前也需要先定义，指针变量也有相关的运算，其运算规则与指针指向的数据类型相关。

【例 2-19】定义指针并通过指针访问变量。

主要知识点：指针的定义、赋值与使用。

源代码：

```cpp
#include <iostream>
using namespace std;
int main()
{
    int  num(23);
    int *P_num=0;
    P_num=&num;
    cout<<"the integer is: "<<num<<endl;
    cout<<"the number that is pointed to  is:  "<<*P_num<<endl;
    cout<<"the address of the number  is: "<< P_num<<endl;
    return 0;
}
```

程序运行结果：

```
the integer is: 23
the number that is pointed to  is:   23
the address of the number  is:  0018FF44
```

【例 2-20】 通过指针访问有序的批量数据。

主要知识点：通过指针访问数组、指针的算术运算

源代码：

```cpp
#include <iostream>
#include <iomanip>
using namespace std;
const int size=6;
int main()
{
    int array[size]={2,4,13,7,9,21};
    int *P_array=array;
    cout<<"the sequence is :"<<endl;
    while(P_array<array+size)
    {
        cout<<setw(4)<<*P_array;
        P_array++;
    }
    cout<<endl;
    P_array=array;
    cout<<"the forth number of the sequence is:"<<endl;
    cout<<*(P_array+3)<<endl;
    return 0;
}
```

程序运行结果：

```
the sequence is :
   2   4  13   7   9  21
the forth number of the sequence is:
7
```

3. 内存的动态分配与释放

以静态方式定义的数组，其大小必须由常量表达式确定，这样在程序设计时就需要准确预估运行时需要多少内存空间。但是，程序解决的问题规模经常是变化的，如果变化范围比较大，预先确定变量或数组的空间大小就比较困难。小了会影响程序的通用性，大了又会造成空间的浪费。这种情况下就需要在运行时动态分配内存空间，一旦空间不再被使用了，应该在程序中及时释放。对此，C++中提供了 new 和 free 操作。

运算符 new 的功能是动态分配内存，或者称为动态创建堆对象，动态分配单个变量的语法形式为：

new T(初值列表);

动态分配一维数组的语法形式为：

new T[元素个数];

其中 T 为类型名，说明了将新申请的内存空间作为什么类型的变量使用。如果动态分配内存成功，new 运算的结果值为新分配空间的起始地址；如果分配失败，则 new 的结果为 0。动态分配的数组无法显式地指定元素的初始值。

运行时动态分配的内存空间不能命名，也就不能通过变量名来访问，只能通过 new 得到的地址进行操作。动态内存分配正是指针应用的一个重要场合。

运算符 delete 用来删除由 new 建立的对象，释放指针所指向的内存空间。释放单个变量空间的语法形式为：

```
delete 指针名;
```

释放动态数组空间的语法形式为：

```
delete []指针名;
```

【例 2-21】实现一个在运行时确定大小的一维数组。

主要知识点：内存的动态分配与释放。

源代码：

```
#include <iostream>
#include <iomanip>
using namespace std;
const int size=6;
int main()
{
  int size;
  cout<<"please enter the number of the sequence: "<<endl;
  cin>>size;
  int *p=new int[size];
  int i;
  for(i=0;i<size;i++)
  {
    p[i]=i;
  }
  cout<<"the sequence is :"<<endl;
  for(i=0;i<size;i++)
  {
    cout<<setw(4)<<p[i];
  }
  cout<<endl;
  delete []p;
  return 0;
}
```

程序运行结果：

```
please enter the number of the sequence:
4
the sequence is :
   0   1   2   3
```

2.6.3　字符串

C++从 C 语言中继承了 C 风格的字符串。此外，在 C++标准类库中定义了 string 类。C++程序中应该是用 string 类的对象来表示和处理字符串，但是 C 风格的字符串在 C++程序中也是常见的。

1. 以数组存放 C 风格的字符串

C 风格的字符串就是以每个字符的编码在内存中连续存储，并且以'\0'作为结束标记的字符串。我们在第 2 章中介绍了字符串常量，并且说明了在 C++的基本数据类型中没有字符串类型的变量。那么如何用变量来表示字符串呢？在 C 语言中是使用字符数组来存放字符串，C++也继承了这种方法。当然字符数组并不是只能用来表示字符串，它也可以只表示一个由一系列字符构成的数组，单独处理和使用其中的每一个元素。

【例 2-22】用字符数组存放若干独立的字符数据。

主要知识点：字符数组的声明和使用。

源代码：

```cpp
#include <iostream>
using namespace std;
int main()
{
    char ch_A[]={'H','E','L','L','O','!'};
    for(int i=0;i<7;i++)
    {
        cout<<ch_A[i];
    }
    cout<<endl;
    return 0;
}
```

程序运行结果：

```
HELLO!
```

【例 2-23】用字符数组存储字符串。

主要知识点：用字符数组存储字符串。

源代码：

```cpp
#include <iostream>
using namespace std;
int main()
{
    char str[]="Hello!";
    char str1[10],str2[10];
    cout<<str<<endl;
    cout<<"Please enter your words:"<<endl;
    cout<<"str1 and str2:";
    cin>>str1>>str2;
    cout<<str1<<" "<<str2<<endl;
    return 0;
}
```

程序运行结果：

```
Hello!
Please enter your words:
str1 and str2:Thank you
Thank you
```

2. string 类型字符串

使用数组来存放字符串，调用系统函数来处理字符串，毕竟显得不方便，而且数据与处理数据的函数分离也不符合面向对象方法的要求。为此，C++标准类库中定义了面向对象的字符串类——string 类（关于类的概念将在下一章中详细介绍）。string 类提供了对字符串进行处理所需要的操作，包括字符串的复制、拼接、比较、查找、插入、求子串、求串的长度等，使用时需要包含头文件 string。

string 提供了多种构造函数，如下所示：

```
string();                              //默认构造函数，建立长度为 0 的串
string (const  string&rhs);            //复制构造函数
string (const  char*s);                //用指针 s 所指向的字符串初始化 string 对象
string (const  string&rhs,unsigned int pos, unsigned int n);
//将对象 rhs 中的串从位置 pos 开始取 n 个字符，用来初始化 string 对象
string (const  char *s,unsigned int n;     //用指针 s 所指向的字符串中的前 n 个字符初始
                                            化 string 对象
string (unsigned int n,char c);             //在 string 对象中填充 n 个字符 c
```

除此之外，string 类还提供了许多的成员函数，如访问字符串大小的操作有：

```
size();                //求字符串长度的 length();
resize();              //重新分配 sting 的大小
capacity();            //返回 string 不需重新分配内存空间的容量
reserve();             //将字符串逆序
empty();               //返回 string 的状态，是否为空
```

对字符串进行修改的操作有：

```
append();              //将字符串添加到本串尾，相当于+=操作
assign();              //将字符串赋值给本对象，相当于=操作
insert();              //将提供的字符串插入到当前的字符串的某个位置之前
substr();              //取子串，取所需要(参数提供本对象位置)的子串，返回新的 string
clear();               //清空所有内容
erase();               //删除提供的字符
```

用于查找的操作有：

```
find();                //查找出现某个字符（串）的第一个位置
rfind();               //逆向查找出现某个字符的第一个位置
find_first_of();       //查找所提供字符串中字符出现的第一个位置
find_last_of();        //查找所提供字符串中字符出现的最后一个位置
find_first_not_of();   //查找不是所提供字符串中字符出现的第一个位置
find_last_not_of();    //查找不是所提供字符串中字符出现的最后一个位置
```

用于比较的操作有：

```
compare();//比较大小，如果本串大于所提供的字符串则返回正数，否则返回负数，相等则返回 0
```

这些操作一般都具有多种重载形式，一般都针对 C 风格的字符串和 string 对象，具体的重载形式，有兴趣的读者可以参考 string 类的定义。

另外，string 类还重载了许多运算符。所谓重载运算符，简单地讲就是将原本只能作用于基本类型的运算符，进行重新定义，使其可以作用于类类型。第 6 章将详细介绍运算符重载。本章只简单列出 string 类重载的运算符，如表 2-8 所示，读者能够学会使用就可以了。

表 2-8　string 类的操作符

操　作　符	示　　　例	注　　　释
+	s+t	串 s 和 t 连接成一个新串
-	s=t	用 t 更新 s
+=	s+=t	等价于 s=s+t
==	s==t	判断 s 与 t 是否相等
!=	s!=t	判断 s 与 t 是否不等
<	s<t	判断 s 是否小于 t
<=	s<=t	判断 s 是否小于或等于 t
>	s>t	判断 s 是否大于 t
>=	s>=t	判断 s 是否大于或等于 t
[]	s[i]	访问串中下标为 i 的字符

【例 2-24】采用 string 类进行字符串的操作。

主要知识点：string 字符串的应用。

源代码：

```
#include <iostream>
#include <string>
using namespace std;
void main()
{
    string stringA="Hello World!";          //定义 string 类型的字符串
    cout<<"stringA = "<<stringA<<endl;
    string stringB(stringA) ;               //用另一个字符串对象初始化字符串
    cout<<"stringB = "<<stringB<<endl;
    string strCopy1,strCopy2;
    strCopy1 =stringA;                      //字符串之间的赋值运算
    cout<<"strCopy1 = "<<strCopy1<<endl;
    strCopy2.assign(strCopy1);
    strCopy2.append("programming");
    cout<<"strCopy2 = "<<strCopy2<<endl;
    strCopy2.insert(6,"Hello ");            //在 Hello 之后插入 Hello
    cout<<"strCopy2 = "<<strCopy2<<endl;
    string strAdd="in C++.";
    stringB= stringA+ strAdd;               //字符串之间的连接运算
    cout<<"stringB = "<<stringB<<endl;
    int nLocation=stringA.find_first_of("WXYZ");  //查找 stringA 中出现"WXYZ"字符
的位置
    cout<<"The first position of w in stringA is "<<nLocation<<endl;
    int nCom=stringA.compare(stringB);      //字符串之间的比较
                                            //等价于 stringA==stringB
    cout<<"Compare of stringA and stringB is "<<nCom<<endl;
    cout<<"Length of the stringA is "<<stringA.size()<<endl; //字符串长度的查询
    cout<<"Is the stringA is empty? "<<stringA.empty()<<endl;  //判断字符串是否为空
    stringA="";
    cout<<"Is the stringA is empty? "<<stringA.empty()<<endl;
}
```

程序运行结果：

```
stringA = Hello World!
stringB = Hello World!
strCopy1 = Hello World!
strCopy2 = Hello World!programming
strCopy2 = Hello Hello World!programming
stringB = Hello World!in C++.
The first position of w in stringA is 6
Compare of stringA and stringB is -1
Length of the stringA is 12
Is the stringA is empty? 0
Is the stringA is empty? 1
```

【例 2-25】 C 风格类型字符串和 string 类型字符串的相互转换。

主要知识点：C 风格类型字符串和 string 类型转换。

源代码：

```cpp
#include <iostream>
#include <string>
using namespace std;
void main ()
{
    char* pCh="Hellow World!";
    char* pChNew;
    string str="String";
    cout<<"Before conversion, str is: "<<str<<endl;
    str=pCh;                            //C 字符串向 string 对象赋值
    cout<<"After conversion, str is: "<<str<<endl;
    str="String";                       //C 字符串向 string 对象赋值
    pChNew=new char[str.length()+1];    //动态分配内存空间
    str.copy(pChNew, str.length());     //将 string 字符串复制到字符数组中
    *(pChNew+str.length()+1)='\0';      //在字符数组末尾添加'\0'
    cout<<"After conversion, pChNew is: "<<pChNew<<endl;
}
```

程序运行结果：

```
Before conversion, str is: String
After conversion, str is: Hellow World!
After conversion, pChNew is: String
```

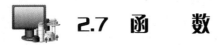 2.7　函　　数

C++继承了 C 语言的全部语法，也包括函数的定义与使用方法。在面向过程的结构化程序设计中，函数是模块划分的基本单位，是对处理问题过程的一种抽象。在面向对象的程序设计中，函数同样有着重要的作用，它是面向对象程序设计中对功能的抽象。

一个较为复杂的系统往往需要划分为若干子系统，然后对这些子系统分别进行开发和调试。高级语言中的子程序就是用来实现这种模块划分的。C 和 C++语言中的子程序体现为函数。通

常将相对独立的、经常使用的功能抽象为函数。函数编写好以后，可以被重复使用，使用时可以只关心函数的功能和使用方法而不必关心函数功能的具体实现。这样有利于代码重用，可以提高开发效率、增强程序的可靠性，也便于分工合作和修改维护。

2.7.1 函数的定义与使用

此前例题中出现的 main()就是一个函数，它是 C++程序的主函数。一个 C++程序可以由一个主函数和若干子函数构成，主函数是程序执行的开始点。由主函数调用子函数，子函数还可以再调用其他子函数。

调用其他函数的函数称为主调函数，被其他函数调用的函数称为被调函数。一个函数很可能既调用别的函数又被另外的函数调用，这样它可能在某一个调用与被调用关系中充当主调函数，而在另一个调用与被调用关系中充当被调函数。

1. 函数的定义

（1）函数定义的语法形式

类型说明符　函数名（含类型说明的形式参数表）

{

语句序列

}

（2）形式参数

形式参数（简称形参）表的内容如下：

type1 name1, type2 name2,…, typen namen

type1，type2，…，typen 是类型标识符，表示形参的类型。name1，name2，…，namen 是形参名。形参的作用是实现主调函数与被调函数之间的联系。通常将函数所处理的数据、影响函数功能的因素或者函数处理的结果作为参数。

（3）函数的返回值和返回值类型

函数可以有一个返回值，函数的返回值是需要返回给主调函数的处理结果。类型说明符规定了函数返回值的类型。函数的返回值由 return 语句给出，格式如下：

return 表达式;

除了指定函数的返回值外，return 语句还有一个作用，就是结束当前函数的执行。

例如，主函数 main()的返回值类型是 int，主函数中的 return 0 语句用来将 0 作为返回值，并且结束 main()函数的执行。main()函数的返回值最终传递给操作系统。

一个函数也可以不将任何值返回给主调函数，这时它的类型标识符为 void，可以不写 return 语句，但也可以写一个不带表达式的 return 语句，用于结束当前函数的调用，格式如下：

return;

2. 函数的调用

（1）函数调用的形式

变量在使用之前需要首先声明，类似地，函数在调用之前也需要声明。函数的定义就属于函数的声明，因此，在定义了一个函数之后，可以直接调用这个函数。但如果希望在定义一个函数前调用它，则需要在调用函数之前添加该函数的函数原型声明。函数原型声明的形式如下：

　　类型说明符　函数名(含类型说明的形参表)；

与变量的声明和定义类似，声明一个函数只是将函数的有关信息（函数名、参数表、返回值类型等）告诉编译器，此时并不产生任何代码；定义一个函数时除了同样要给出函数的有关信息外，主要是写出函数的代码。

如果是在所有函数之前声明了函数原型，那么该函数原型在本程序文件中任何地方都有效，也就是说在本程序文件中任何地方都可以依照该原型调用相应的函数。如果是在某个主调函数内部声明了被调函数原型，那么该原型就只能在这个函数内部有效。

声明了函数原型之后，便可以按如下形式调用子函数：

函数名(实参列表)

实参列表中应给出与函数原型形参个数相同、类型相符的实参，每个实参都是一个表达式。函数调用可以作为一条语句，这时函数可以没有返回值。函数调用也可以出现在表达式中，这时就必须有一个明确的返回值。

调用一个函数时，首先计算函数的实参列表中各个表达式的值，然后主调函数暂停执行，开始执行被调函数，被调函数中形参的初值就是主调函数中实参表达式的求值结果。当被调函数执行到 return 语句，或执行到函数末尾时，被调函数执行完毕，继续执行主调函数。

【例 2-26】编写程序，通过调用函数 int abs _sum(int m，int n)，求任意两个整数的绝对值的和。

源代码：

```cpp
#include <iostream>
using namespace std;
int abs_sum(int m,int n);
int main() {
    int  x,  y,  z;
    cin>>x>>y;
    z=abs_sum(x,y);
    cout<<"|"<<x<<"|"<<"+|"<<y<<"|="<<z<<endl;
    return 0;
}
int  abs_sum (int m,int  n)
{
    if(m<0)
    m=-m;
    if (n<0)
    n=-n;
    return m+n;
}
```

程序运行结果：

```
-5
90
|-5|+|90|=95
```

（2）嵌套调用

函数允许嵌套调用。如果函数 1 调用了函数 2，函数 2 再调用函数 3，便形成了函数的嵌套调用。

（3）递归调用

函数可以直接或间接地调用自身，称为递归调用。所谓直接调用自身，就是指在一个函数的函数体中出现了对自身的调用表达式，例如：

```
void funl(){
…
Funl();//调用 funl 自身
…
}
```

就是函数直接调用自身的例子。

而下面的情况是函数间接调用自身：

```
void funl()
{
…
fun2();
…
}

void fun2(){
…
funl();
…
}
```

这里 funl()调用了 fun2()，而 fun2()又调用了 funl()，于是构成了递归。

递归算法的实质是将原有的问题分解为新的问题，而解决新问题时又用到了原有问题的解法。按照这一原则分解下去，每次出现的新问题都是原有问题的简化的子集，而最分解出来的问题，是一个已知解的问题，这便是有限的递归调用。只有有限的递归调用才是有意义的，无限的递归调用永远得不到解，没有实际意义。

递归的过程有如下两个阶段。

第一阶段：递推。将原问题不断分解为新的子问题，逐渐从未知向已知推进，最终达到已知的条件，即递归结束的条件，这时递推阶段结束。

例如，求 5!，可以这样分解：

$5! = 5 \times 4! \rightarrow 4! = 4 \times 3! \rightarrow 3! = 3 \times 2! \rightarrow 2! = 2 \times 1! \rightarrow 1! = 1 \times 0! \rightarrow 0! = 1$

未知────────────────────────────────→已知

第二阶段：回归。从已知的条件出发，按照递推的逆过程，逐一求值回归，最后达到递推的开始处，结束回归阶段，完成递归调用。

例如，求 5!的回归阶段如下：

$5! = 5 \times 4! = 120 \leftarrow 4! = 4 \times 3! = 24 \leftarrow 3! = 3 \times 2! = 6 \leftarrow 2! = 2 \times 1! = 2 \leftarrow 1! = 1 \times 0! = 1 \leftarrow 0! = 1$

已知──→未知

【例 2-27】求 n!

源代码：

```
#include <iostream>
```

```
using namespace std;
long CalculateFactor(int n)
{
    long f;
    if(n<0) cout<<"n<0"<<endl;
    else if(n==0) f=1;
    else f=CalculateFactor(n-1)*n;
    return f;
}
void main()
{
    int n; long y;
    cout<<"Input a positive number: ";
    cin>>n;
    y=CalculateFactor(n);
    cout<<n<<"!="<<y<<endl;
}
```

程序运行结果：

```
Input a positive number: 5
5!=120
```

3. 函数的参数传递

在函数未被调用时，函数的形参并不占有实际的内存空间，也没有实际的值。只有在函数被调用时才为形参分配存储单元，并将实参与形参结合。每个实参都是一个表达式，其类型必须与形参相符。函数的参数传递指的就是形参与实参结合（简称形实结合）的过程，形实结合的方式有值传递和引用传递。

（1）值传递

值传递是指当发生函数调用时，给形参分配内存空间，并用实参来初始化形参（直接将实参的值传递给形参）。这一过程是参数值的单向传递过程，一旦形参获得了值便与实参脱离关系，此后无论形参发生了怎样的改变，都不会影响实参。

【例 2-28】将两个整数交换次序后输出。

```
#include <iostream>
using namespace std;
void swap(int a, int b) {
    int t=a;
    a=b;
    b=t;
}
int main() {
    int x=5, y=10;
    cout<<"x = "<<x<<"  y = "<<y<<endl;
    swap(x,y);
    cout<<"x = "<<x<<"  y = "<<y<<endl;
    return 0;
}
```

程序运行结果：

```
x = 5  y = 10
x = 5  y = 10
```

分析：从上面的运行结果可以看出，并没有达到交换的目的。这是因为，采用的是值传递，函数调用时传递的是实参的值，是单向传递过程，形参值的改变对实参不起作用。

（2）引用传递

我们已经看到，值传递时参数是单向传递，那么如何使在子函数中对形参做的更改对主函数中的实参有效呢？这就需要使用引用传递。

引用是一种特殊类型的变量，可以被认为是另一个变量的别名，通过引用名与通过被引用的变量名访问变量的效果是一样的，例如：

```
int i, j;
int &ri=i;          //建立一个 int 型的引用 ri，并将其初始化为变量 i 的一个别名
j=10;
ri=j;               //相当于 i=j；
```

使用引用时必须注意下列问题：

声明一个引用时，必须同时对它进行初始化，使它指向一个已存在的对象。一旦一个引用被初始化后，就不能改为指向其他对象。

也就是说，一个引用，从它诞生之时起，就必须确定是哪个变量的别名，而且始终只能作为这一个变量的别名，不能另作他用。

引用也可以作为形参，如果将引用作为形参，情况便稍有不同。这是因为，形参的初始化不在类型说明时进行，而是在执行主调函数中的调用表达式时，才为形参分配内存空间，同时用实参来初始化形参。这样引用类型的形参就通过形实结合，成为了实参的一个别名，对形参的任何操作也就会直接作用于实参。

用引用作为形参，在函数调用时发生的参数传递，称为引用传递。

【例 2-29】使用引用传递改写例 2-28 的程序，使两整数成功地进行交换。

```
#include <iostream>
using namespace std;
void swap (int &a, int &b)  {
    int t=a;
    a=b;
    b=t;
}
int main()  {
    int x=5,y=10;
    cout<<"x="<<x<<"  y="<<y<<endl;
    swap(x,y);
    cout<<"x="<<x<<"  y="<<y<<endl;
    return 0;
}
```

2.7.2　内联函数

在本节的开头曾提到，使用函数有利于代码重用，可以提高开发效率，增强程序的可靠性，

也便于分工合作，便于修改维护。但是，函数调用也会降低程序的执行效率，增加时间和空间方面的开销。因此对于一些功能简单，规模较小又使用频繁的函数，可以设计为内联函数。内联函数不是在调用时发生控制转移，而是在编译时将函数体嵌入在每一个调用处。这样就节省了参数传递、控制转移等开销。

内联函数的定义与普通函数的定义方式几乎一样，只是需要使用关键字 inline，其语法形式如下：

```
inline 类型说明符 函数名（含类型说明的形参表）
{
语句序列
}
```

需要注意的是，inline 关键字只是表示一个要求，编译器并不承诺将 inline 修饰的函数作为内联。而在现代编译器中，没有用 inline 修饰的函数也可能被编译为内联。通常内联函数应该是比较简单的函数，结构简单、语句少。如果将一个复杂的函数定义为内联函数，反而会造成代码膨胀，增大开销。这种情况下，多数编译器都会自动将其转换为普通函数来处理。到底什么样的函数会被认为太复杂呢？不同的编译器处理起来是不同的。此外，有些函数是肯定无法以内联方式处理的，例如存在对自身直接递归调用的函数。

【例 2-30】内联函数应用举例。

```cpp
#include <iostream>
using namespace std;
const double PI= 3.1415 92 6535897 9;
//内联函数，根据圆的半径计算其面积
inline double calArea(double radius) {
    return PI*radius+radius;
    int main() {
    double r=3.0;                    //r是圆的半径
    //调用内联函数求圆的面积，编译时此处被替换为 calArea 函数体语句
    double area=calArea(r);
    cout<<area<<endl;
    return 0;
}
```

程序运行结果：

```
28.2743
```

2.7.3 带默认形参值的函数

函数在定义时可以预先声明默认的形参值。调用时如果给出实参，则用实参初始化形参，如果没有给出实参，则采用预先声明的默认形参值。例如：

```cpp
int add(int x=5,int y=6){         //声明默认形参值
    return x+y;
}
int main() {
    add(10,20);                   //用实参来初始化形参，实现10+20
    add(10);                      //形参x采用实参值10，y采用默认值6，实现10+6
    add();                        //x和y都采用默认值，分别为5和6，实现5+6
```

```
}
```

有默认值的形参必须在形参列表的最后，也就是说，在有默认值的形参右边，不能出现无默认值的形参。因为在函数调用中，实参与形参是按从左向右的顺序建立对应关系的。例如：

```
int add(int x,int y=5,int z=6);  //正确
int add(int x=1,int y=5,int z);  //错误
int add(int x=1,int y,int z=6);  //错误
```

在相同的作用域内，不允许在同一个函数的多个声明中对同一个参数的默认值重复定义，即使前后定义的值相同也不行。这里作用域是指直接包含函数原型说明的大括号所界定的范围，对作用域概念的详细介绍在第 4 章。注意，函数的定义也属于声明，这样，如果一个函数在定义之前又有原型声明，默认形参值需要在原型声明中给出，定义中不能再出现默认形参值。例如：

```
int add(int x=5,int y=6);         //默认形参值在函数原型中给出
int main()
{
  add();
  return 0;
}
int add(int x/*=5*/,int y/*=6*/)
{
    //这里不能再出现默认形参，但为了清晰，可以通过注释说明默认形参
    return x+y;
}
```

2.7.4 函数重载

在程序中，一个函数就是一个操作的名字，正是靠类似于自然语言的各种各样的名称，才能写出易于理解和修改的程序。于是就产生了这样一个问题：如何把人类自然语言中有细微差别的概念，映射到编程语言中？通常，自然语言中一个词可以代表许多种不同的含义，需要依赖上下文来确定。这就是所谓一词多义，反映到程序中就是重载。例如：我们说"擦桌子、擦皮鞋、擦车"时，都用了同一个"擦"字，但所使用的方法截然不同。人类完全可以理解这样的语言，因为人们从生活实践中学会了各种不同的"擦"的方法，知道对不同的物品要用对应的"擦"法。所以没有人会说"请用擦桌子的方法擦桌子，用擦皮鞋的方法擦皮鞋"。计算机是否也具有同样的能力呢？这取决于所编写的程序。C++语言中提供了对函数重载的支持，使我们在编程时可以对不同的功能赋予相同的函数名，编译时会根据上下文（实参的类型和个数）来确定使用哪一具体功能。

两个以上的函数，具有相同的函数名，但是形参的个数或者类型不同，编译器根据实参和形参的类型及个数的最佳匹配，自动确定调用哪一个函数，这就是函数的重载。

如果没有重载机制，那么对不同类型的数据进行相同的操作也需要定义名称完全不同的函数。例如定义加法函数，就必须这样对整数的加法和浮点数的加法使用不同的函数名：

```
int iadd (int x,int y);
float fadd(float x, float y);
```

这在调用时实在不方便。

C++允许功能相近的函数在相同的作用域内以相同函数名定义，从而形成重载。方便使用，便于记忆。

重载函数的形参必须不同：个数不同或者类型不同。编译程序对实参和形参的类型及个数进行最佳匹配，来选择调用哪一个函数。如果函数名相同，形参类型也相同（无论函数返回值类型是否相同），在编译时会被认为是语法错误（函数重复定义）。

例如：

```
(1)int add (int x,  int y);
(2)float add(float x,  float y);
(3)int add (int x,  int y);
(4)int add(int x, intY, int z);
```

例如：

```
(1)int add (int x,int y);  int add (int a,int b);  //错误,编译器不以形参名来区分函数
(2)int add (int x,int y);  void add (int x,int y); //错误,编译器不以返回值来区分函数
```

不要将不同功能的函数定义为重载函数，以免出现对调用结果的误解、混淆。

例如：

```
int add (int x,  int y)  {return x+y;}
float add {float x,  float y}  { return x-y;}
```

【例 2-31】重载函数应用举例。

源程序：

```
#include <iostream>
using namespace std;
double Max(double nVal1, double nVal2)
{
    return(nVal1>nVal2?nVal1:nVal2);
}
double Max(double nVal1, double nVal2, double nVal3)
{
    return(nVal1>Max(nVal2, nVal3)?nVal1:Max(nVal2,nVal3));
}
int Max(int nVal1,int nVal2)
{
    return(nVal1>nVal2?nVal1:nVal2);
}
int Max(int nVal1, int nVal2, int nVal3)
{
    return(nVal1>Max(nVal2, nVal3)?nVal1:Max(nVal2,nVal3));
}
void main()
{
    int nIntVal1, nIntVal2, nIntVal3;
    double nDbVal1, nDbVal2, nDbVal3;
    cout<<"Please input two integers: ";
    cin>>nIntVal1>>nIntVal2;
    cout<<"The max value is: "<<Max(nIntVal1, nIntVal2)<<endl;
    cout<<"Please input three integers: ";
```

```
cin>>nIntVal1>>nIntVal2>>nIntVal3;
cout<<"The max value is: "<<Max(nIntVal1, nIntVal2, nIntVal3)<<endl;
cout<<"Please input two double values: ";
cin>>nDbVal1>>nDbVal2;
cout<<"The max value is: "<< Max(nDbVal1, nDbVal2)<<endl;
cout<<"Please input three double values: ";
cin>>nDbVal1>>nDbVal2>>nDbVal3;
cout<<"The max value is: "<<Max(nDbVal1, nDbVal2, nDbVal3)<<endl;
}
```

程序运行结果：

```
Please input two integers: 3 4
The max value is: 4
```

2.7.5 C++系统函数

C++不仅允许用户根据需要自定义函数，而且 C++的系统库中提供了几百个函数可供程序员使用。例如：求平方根函数（sqrt()）、求绝对值函数（abs()）等。

我们知道，调用函数之前必须先加以声明，系统函数的原型声明已经全部由系统提供，分类保存在不同的头文件中。程序员需要做的事情，就是用 include 指令嵌入相应的头文件，然后便可以使用系统函数。例如，要使用数学函数，需要嵌入头文件 cmath。

【例 2-32】系统函数应用举例。从键盘输入一个角度值，求出该角度的正弦值、余弦值和正切值。

分析：系统函数中提供了求正弦值、余弦值和正切值的函数：sin()，cos()，tan()，函数的说明在头文件 cmath 中。

源程序：

```
#include <iostream>
#include <cmath>
using namespace std;
const  double  PI=3.14159265358979;
int main()  {
    double angle;
    cout<<"Please enter an angle:    ";
    cin>>angle;
    double  radian=angle*PI/180;
    cout<<"sin("<<angle<<")="<<sin(radian)<<endl;
    cout<<"cos("<<angle<<")="<<cos(radian)<<endl;
    cout<<"tan("<<angle<<")="<<tan(radian)<<endl;
    return 0;
}
```

程序运行结果：

```
Please enter an angle:    0.9
sin(0.9)=0.0157073
cos(0.9)=0.999877
tan(0.9)=0.0157093
```

充分利用系统函数，可以大大减少编程的工作量，提高程序的运行效率和可靠性。要使用系统函数应该注意以下两点。

编译环境提供的系统函数分为两类：一类是标准 C++的函数，另一类是非标准 C++的函数，它是当前操作系统或编译环境中所特有的系统函数。例如，cmath 中所声明的 sin()，cos()，tan()等函数都是标准 C++的函数。编程时应优先使用标准 C++函数，因为标准 C++函数是各种编译环境所普遍支持的，只使用标准 C++函数的程序具有很好的可移植性。

有时也需要使用一些非标准 C++的系统函数，例如在处理和操作系统相关的事务时，常常需要调用当前操作系统特有的一些函数。不同的编译系统提供的函数有所不同。即使是同一系列的编译系统，如果版本不同系统函数也会略有差别。因此编程者必须查阅编译系统的库函数参考手册或联机帮助，查清楚函数的功能、参数、返回值和使用方法。

习　题

1. C++语言主要有哪些特点和优点？

2. 请用 C++语句声明一个常量 PI，值为 3.1416，再声明一个浮点型变量 a，把 PI 的值赋给 a。

3. 比较 break 语句与 continue 语句的不同用法。

4. 编程输出九九乘法算表。

5. 在数组 a[20]中第一个元素和最后一个元素分别是哪一个？

6. 编写一个 3×3 矩阵转置的函数，在 main()函数中输入数据。

7. 什么叫做嵌套调用？什么叫做递归？

8. 什么叫内联函数？它有哪些特点？

9. 调用被重载的函数时，通过什么来区分被调用的函数？

10. 用递归的方法编写函数，求 Fibonacci 级数，公式为

$$F_n = F_{n-1}+F_{n-2}(n>2), \quad F_1 = F_2=1$$

观察递归调用的过程。

第3章　类与对象初步

现实世界是面向对象的，面向对象就是采用模拟现实的方法设计和开发程序。对象是人们要进行研究的任何事物，它不仅能表示具体的事物，还能表示抽象的规则、计划或事件。对类似的对象进行抽象，找出其共同属性，便构成一种类型。这都是我们在现实世界中所熟悉的概念和方法。编写程序的目的是描述和解决现实世界中的问题，第一步就是要把现实世界中的对象和类如实地反应到程序中去。而我们所学的 C++就是一种面向对象的编程语言。通过这门语言的学习，我们要掌握基本的面向对象程序设计的特点以及设计方法。

 ## 3.1　面向对象程序设计的基本特点

3.1.1　抽象

抽象是从众多的事物中抽取出共同的、本质性的特征，而舍弃其非本质的特征。例如苹果、香蕉、梨、葡萄、桃子等，它们共同的特性就是水果。得出水果概念的过程，就是一个抽象的过程。面向对象方法中的抽象，是指对具体问题（对象）进行概括，抽出一类对象公共性质并加以描述的过程。

抽象的过程，也是对问题进行分析和认识的过程。对问题的抽象应该包括两个方面：数据抽象和行为抽象（也就是功能抽象和代码抽象）。用 3 个整型数来存储时间，分别表示年、月、日，这个就是数据抽象。显示日期、设置日期等功能，这就是行为抽象。

数据的抽象：int year, int month, int day

行为的抽象：showDate(), setDate()

3.1.2　封装

封装就是将抽象得到的数据和行为相结合，形成一个有机整体，也就是将数据与操作数据的函数代码进行有机整合，形成"类"，其中的数据和函数都是类的成员。我们使用点类的例子，按照 C++的语法，点类的定义如下：

```
class Point
{
  public:
    void setPoint(int xx, int yy);
    void printPoint();
  private:
```

```
    int x;
    int y;
};
```

点类里面包含了数据的抽象 x 和 y 坐标两个数据类型，以及行为抽象显示点的坐标和设置点的坐标。将数据和行为统一式为一个整体就是封装过程。

封装是一种信息隐蔽技术，它体现于类的说明，是对象的重要特性。封装使数据和加工该数据的方法（函数）封装为一个整体，以实现独立性很强的模块，使得用户只能见到对象的外特性（对象能接收哪些消息，具有哪些处理能力），而对象的内特性（保存内部状态的私有数据搬实现加工能力的算法）对用户是隐蔽的。封装的目的在于把对象的设计者和对象的使用者分开，使用者不必知晓行为实现的细节，只须用设计者提供的消息来访问该对象。

3.1.3　继承

继承性是子类自动共享父类之间数据和方法的机制。它由类的派生功能体现。一个类直接继承其他类的全部描述，同时可修改和扩充。继承具有传递性。继承分为单继承（一个子类只有一父类）和多重继承（一个类有多个父类）。类的对象是各自封闭的，如果没有继承性机制，则类对象中数据、方法就会出现大量重复。继承不仅支持系统的可重用性，而且还促进系统的可扩充性。

例如，一般意义的"人"都有姓名、性别、年龄等；还有吃饭、工作、学习等。但是按照职业划分，人又分为学生、老师、工程师、医生等，每一类人又有各自的特殊属性和行为。例如学生具有专业、年级等特殊属性和升级毕业等特殊行为，这些属性和行为是医生所不具有的。如何把特殊与一般的概念间的关系描述清楚，使得特殊概念之间既能共享一般的属性和行为，又能具有特殊的属性和行为呢？继承就是解决这个问题的。

3.1.4　多态

对象根据所接收的消息而做出动作。不同的对象接收同一消息时可产生完全不同的行动，这种现象称为多态性。利用多态性用户可发送一个通用的信息，而将所有的实现细节都留给接收消息的对象自行决定，如是，同一消息即可调用不同的方法。

例如：print 消息被发送给图或表时调用的打印方法与将同样的 Print 消息发送给正文文件而调用的打印方法完全不同。多态性的实现受到继承性的支持，利用类继承的层次关系，把具有通用功能的协议存放在类层次中尽可能高的地方，而将实现这一功能的不同方法置于较低层次，这样，在这些低层次上生成的对象就能给通用消息以不同的响应。在 C++ 中可通过在派生类中重定义基类函数（定义为重载函数或虚函数）来实现多态性。

 ## 3.2　类 和 对 象

3.2.1　类和对象的关系

类是具有相同属性和服务的一组对象的集合。它为属于该类的所有对象提供了统一的抽象描述，其内部包括属性和服务两个主要部分。在面向对象的编程语言中，类是一个独立的程序

单位，它应该有一个类名并包括属性说明和服务说明两个主要部分。

对象是系统中用来描述客观事物的一个实体，它是构成系统的一个基本单位。一个对象由一组属性和对这组属性进行操作的一组服务组成。从更抽象的角度来说，对象是问题域或实现域中某些事物的一个抽象，它反映该事物在系统中需要保存的信息和发挥的作用；它是一组属性和有权对这些属性进行操作的一组服务的封装体。客观世界是由对象和对象之间的联系组成的。

类与对象的关系就如模具和铸件的关系。类的实例化结果就是对象，而对一类对象的抽象就是类。类描述了一组有相同特性（属性）和相同行为（方法）的对象。比如水果摊进了一批水果（就好比是类），然后就去问卖家有哪些新鲜的水果。店家说有苹果、梨、桃等（这里的苹果、梨、桃就是对象），也就是说对象是类的具体表达，而类则是对象的抽象表达。

（1）类是一个抽象的概念，它不存在于现实中的时间、空间里，类只是为所有的对象定义了抽象的属性与行为。就好像"Person（人）"这个类，它虽然可以包含很多个体，但它本身不存在于现实世界。

（2）对象是类的一个具体。它是一个实实在在存在的东西。

（3）类是一个静态的概念，类本身不携带任何数据。当没有为类创建任何对象时，类本身不存在于内存空间中。

（4）对象是一个动态的概念。每一个对象都存在着有别于其他对象的、属于自己的、独特的属性和行为。对象的属性可以随着它自己的行为而发生改变。

3.2.2 类的声明

类是一种复杂的数据类型，它是将不同类型的数据和与这些数据相关的运算封装在一起的集合体。类将一些数据及与数据相关的函数封装在一起，使类中的数据得到很好的"保护"。这样在大型程序中，数据不会被随意修改。

类的定义格式：

```
class  类名{                    //类界面
    private:
        数据成员和成员函数;
    public:
        数据成员和成员函数;
    protected:
        数据成员和成员函数;
};
各个成员函数的实现;              //类实现
```

（1）类具有封装性，并且类只是定义了一种结构（样板），所以类中的任何成员数据均不能使用关键字 extern，auto 或 register 限定其存储类型。

（2）在定义类时，只是定义了一种导出的数据类型，并不为类分配存储空间。所以，在定义类中的数据成员时，不能对其初始化。如：

```
class  Test {
int  x=5,y=6;                //是不允许的
extern  float  x;            //是不允许的
}
```

用关键字 private 限定的成员称为私有成员，对私有成员限定在该类的内部使用，即只允许

该类中的成员函数使用私有的数据成员，对于私有的成员函数，只能被该类内的成员函数调用；类就相当于私有成员的作用域。如果未加说明，类中成员默认的访问权限是 private，即私有的。

用关键字 public 限定的成员称为公有成员，公有成员的数据或函数不受类的限制，可以在类内或类外自由使用；对类而言是透明的。

用关键字 protected 所限定的成员称为保护成员，只允许在类内及该类的派生类中使用保护的数据或函数，即保护成员的作用域是该类及该类的派生类。它们的访问关系如表 3-1 和表 3-2 所示。

表 3-1　函数对各成员数据的调用权限

函数	私有成员	公有成员	保护成员
类内函数	可以调用	可以调用	可以调用
类外函数	不可调用	可以调用	不可调用

表 3-2　函数对各成员函数的调用权限

函数	私有函数	公有函数	保护函数
类内函数	可以调用	可以调用	可以调用
类外函数	不可调用	可以调用	不可调用

每一个限制词（private 等）在类体中可使用多次。一旦使用了限制词，该限制词一直有效，直到下一个限制词开始为止。

3.2.3　成员函数

类的成员函数描述的是类的行为或操作。如果在类的内部定义成员函数的具体实现，则该成员函数为内联成员函数。在类外部实现的成员函数中，对编译提出内联要求，成员函数定义前面加 inline。

如果在类的外部定义成员函数的具体实现，函数的原型声明在类的主体中，原型说明了函数的参数表和返回值类型，而函数的具体实现写在类声明之外。

类中的成员函数可以调用类外定义的普通函数。在类的外部定义成员函数的语法形式为：

```
返回值类型 类名::成员函数名(参数表) {
      函数体
}
```

例如：

```
void Point::setPoint(int x, int y) //实现 setPoint()函数
{
    xPos=x;
    yPos=y;
}
```

3.2.4　对象的定义格式

在定义类时，只是定义了一种数据类型，即说明程序中可能会出现该类型的数据，并不为类分配存储空间。只有在定义了属于类的变量后，系统才会为类的变量分配空间。

类的变量称之为对象。对象是类的实例，定义对象之前，一定要先说明该对象的类。不同对象占据内存中的不同区域，它们所保存的数据各不相同，但对成员数据进行操作的成员函数的程序代码是一样的。对象的定义格式如下：

类名 对象名表；

在建立对象时，只为对象分配用于保存数据成员的内存空间，而成员函数的代码为该类的每一个对象所共享。

定义一个对象和定义一个一般变量相同。定义变量时要分配存储空间，同样，定义一个对象时要分配存储空间，一个对象所占的内存空间是类的数据成员所占的空间总和。类的成员函数存放在代码区，不占内存空间。

3.2.5　对象的使用

一个对象的成员就是该对象的类所定义的成员，有数据成员和成员函数，引用时同结构体变量类似，用"."运算符。

用成员选择运算符"."只能访问对象的公有成员，而不能访问对象的私有成员或保护成员。若要访问对象的私有的数据成员，只能通过对象的公有成员函数来获取。

调用成员形式：

对象名.成员；

3.2.6　对象的存储空间

C++只为每一个对象的数据成员分配内存空间，类中的所有成员函数只生成一个副本，而该类的每个对象执行相同的函数成员副本。类的所有成员函数均放在公用区中（只保存一份），每个函数代码有一个地址，类的每个对象中只存放自己的数据成员值和指向公共区中对应函数的地址，即类的成员函数是共享的。

3.2.7　程序实例

【例】设计一个日期类 Date，包括年、月、日等私有数据成员，要求实现对日期的设置及输出显示。（显示格式为"月-日-年"）

```cpp
#include <iostream>
using namespace std;
class Date{
public:
    void setDate(int y,int m,int d);
    void showDate();
private:
    int year,month,day;
};
void Date::setDate(int y,int m,int d){
    year=y;
    month=m;
    day=d;
}
inline void Date::showDate(){
```

```
    cout<<month<<"-"<<day<<"-"<<year<<endl;
}
int main(){
    Date D;
    int year,month,day;
    cout<<"输入日期: ";
    cin>>year>>month>>day;
    D.setDate(year,month,day);
    D.showDate();
    return 0;
}
```

分析：本程序可以分为三个相对独立的部分，第一部分是类 Date 的定义，第二部分是日期类成员函数的实现，第三部分是主函数 main()。从前面的分析可以看到，定义类及其成员函数，只是对问题进行了高度的抽象和封装化的描述，问题的解决还要通过类的实例——对象之间的消息传递来完成，这里主函数的功能就是声明对象并传递消息。

这里的成员函数 setDate() 是带有默认参数值的函数，有 3 个默认参数，而函数 showDate() 是显示声明内联成员函数，设计为内联的原因是它的语句相当少。在主函数中，首先声明一个 Date 类的对象 D，然后利用这个对象调用其成员函数。

3.3　构造函数和析构函数

3.3.1　构造函数定义

在定义一个对象时进行的数据成员设置，称为对象的初始化。构造函数的作用就是在对象被创建时利用特定的值构造对象，将对象初始化为一个特定的状态。构造函数在对象被创建的时候将被自动调用。如果程序中未声明，则系统自动产生出一个隐含的参数列表为空的构造函数。

定义构造函数的一般形式为：

```
class 类名{
public:
    类名（形参表）;              //构造函数的原型
    //类的其他成员
};
类名::类名（形参表）{            //构造函数的实现
    //函数体
}
```

类的构造函数承担对象的初始化工作，它旨在使对象初值有意义。如果程序员定义了恰当的构造函数，Date 类的对象在建立时就能获得一个初始的时间值。现将 Date 类修改如下：

```
class Date{
public:
    Date(int newY, int newM, int newD)
    void setDate(int y, int m, int d);
    void showDate();
```

```
private:
    int year,month,day;
};
```

构造函数的实现：

```
Date::Date(int newY, int newM, int newD){
    year=newY;
    month=newM;
    day=newD;
}
```

对构造函数，说明以下几点：

（1）构造函数的函数名必须与类名相同。构造函数的主要作用是完成初始化对象的数据成员以及其他的初始化工作。

（2）在定义构造函数时，不能指定函数返回值的类型，也不能指定为 void 类型。

（3）在类的内部定义的构造函数是内联函数。构造函数可以带默认形参值，也可以重载。一个类可以定义若干个构造函数。当定义多个构造函数时，必须满足函数重载的原则。类对象创建时，构造函数会自动执行；由于它们没有类型，不能像其他函数那样进行调用。当类对象说明时调用哪一个构造函数取决于传递给它的参数类型。

（4）若定义的类要说明该类的对象时，构造函数必须是公有的成员函数。如果定义的类仅用于派生其他类时，则可将构造函数定义为保护的成员函数。

由于构造函数属于类的成员函数，它对私有的数据成员、保护的数据成员和公有的数据成员均能进行初始化。

3.3.2　调用构造函数

当定义类对象时，构造函数会自动执行。

1. 调用默认构造函数

调用默认构造函数的语法：

类名　类对象名;

在程序中定义一个对象而没有指明初始化时，编译器便按默认构造函数来初始化该对象。默认构造函数并不对所产生对象的数据成员赋初值；即新产生对象的数据成员的值是不确定的。

关于默认构造函数，说明以下几点：

（1）在定义类时，只要显式定义了一个类的构造函数，则编译器就不产生默认构造函数。

（2）所有的对象在定义时必须调用构造函数，不存在没有构造函数的对象。

（3）在类中，若定义了没有参数的构造函数，或各参数均有默认值的构造函数也称为默认构造函数，默认构造函数只能有一个。

（4）产生对象时，系统必定要调用构造函数。所以任一对象的构造函数必须唯一。

2. 调用带参数的构造函数

调用带参数的构造函数的语法如下：

类名　类对象名（参数表）

参数表中的参数可以是变量，也可以是表达式。

3. 一次性对象

创建对象如果不给出对象名，也就是说，直接以类名调用构造函数，则产生一个无名对象。无名对象经常在参数传递时用到。例如：

```
cout<<Date(2003，12，23);
```

Date(2003,12,23)是一个对象，该对象在做了<<操作后便烟消云散了，所以这种对象一般用在创建后不需要反复使用的场合。

4. 用构造函数初始化对象的过程

用构造函数初始化对象的过程，实际上是对构造函数的调用过程。一般按如下步骤进行：

（1）程序执行到定义对象语句时，系统为对象分配内存空间。

（2）系统自动调用构造函数，将实参传送给形参，执行构造函数体时，将形参值赋给对象的数据成员。完成数据成员的初始化工作。

前一小节已经实现了带有构造函数的 Date 类，现在在主函数中实现调用：

```
int main(){
    Date D(0,0,0);
    D.showDate();
    D.setDate(2017,1,1);
    return 0;
}
```

在建立对象 D 时，会调用构造函数，将实参值用作初始值。

3.3.3 复制构造函数

用于将一个已知对象的数据成员复制给正在创建的另一个同类的对象。格式如下：

类名:: 复制构造函数（类名 &引用名）

或

类名:: 复制构造函数（const 类名 &引用名）

如果程序员没有为类声明复制初始化构造函数，则编译器自己生成一个隐含的拷贝构造函数。

这个构造函数执行的功能是：用作为初始值的对象的每个数据成员的值，初始化将要建立的对象的对应数据成员。

但是，当类中的数据成员中使用 new 运算符，动态地申请存储空间进行赋初值时，必须在类中显式地定义一个完成复制功能的构造函数，以便正确实现数据成员的复制。

复制构造函数就是函数的形参是类的对象的引用的构造函数。如果程序在类定义时没有显式定义拷贝构造函数，系统也会自动生成一个默认的拷贝构造函数，把成员值一一复制。复制构造函数与原来的构造函数实现了函数的重载。

在以下 3 中情况下，复制构造函数都会被调用：

（1）当用类的一个对象去初始化该类的另一个对象时系统自动调用拷贝构造函数实现复

制赋值。

（2）若函数的形参为类对象，调用函数时，实参赋值给形参，系统自动调用拷贝构造函数。

（3）当函数的返回值是类对象时，系统自动调用拷贝构造函数。

下面请看一个复制构造函数的例子。通过水平和垂直两个方向的左边值 x 和 y 来确定屏幕上的一个点。点（Point）的定义如下：

```cpp
class Point{
public:
    Point(int xx=0, int yy=0){
    x=xx;
    y=yy;
    }
Point(Point &p);
int getX(){retutn x;}
int getY(){return y;}
private:
    int x,y;
};
```

复制构造函数的实现如下：

```cpp
Point::Point(Point &p){
x=p.x;
y=p.y;
cout<< "calling the copy constructor"<<endl;
}
```

当用类的一个对象去初始化该类的另一个对象时，复制构造函数就会被调用。

```cpp
int main(){
    Point a(1,2);
    Point b(a);        //用对象 a 初始化对象 b,复制构造函数被调用
    Point c=a;         //用对象 a 初始化对象 c,复制构造函数被调用
    return 0;
}
```

3.3.4 析构函数

C++程序设计的一个原则是：由系统自动分配的内存空间由系统自动释放。而手工分配的内存空间必须手工释放，否则可能造成内存泄漏。

人为的动态内存释放工作由析构函数来完成，它的意义是做关于对象本体失效之前瞬间的善后工作。这与构造函数的工作正好相反，当对象生存期结束时，需要调用析构函数，释放对象所占的内存空间，所以给它取的名字也是波浪"~"号加上类名，以示与构造函数在功能上的对应关系。析构函数与构造函数是成对出现的。

析构函数是在对象生存期即将结束的时刻由系统自动调用的。显式定义析构函数格式为：

```
类名::~析构函数名() {
    语句;
}
```

若在类的定义中没有显式地定义析构函数时，系统将自动生成和调用一个默认析构函数，

其格式为：

```
类名::~默认析构函数名() {
}
```

任何对象都必须有构造函数和析构函数，但在撤销对象时，要释放对象的数据成员用 new 运算符分配的动态空间时，必须显式地定义析构函数。

析构函数的特点如下：

（1）析构函数是成员函数，函数体可写在类体内，也可写在类体外。

（2）析构函数是一个特殊的成员函数，函数名必须与类名相同，并在其前面加上字符“~”，以便和构造函数名相区别。

（3）析构函数也是类的一个公有成员函数，不能带有任何参数，不能有返回值，不指定函数类型。

（4）一个类中，只能定义一个析构函数，析构函数不允许重载。

（5）析构函数是在撤销对象时由系统自动调用的。

在程序的执行过程中，当遇到某一对象的生存期结束时，系统自动调用析构函数，然后再收回为对象分配的存储空间。

对象在定义时自动调用构造函数，生存期即将结束时调用析构函数。

比如：

```
class Date
{
public:
    Date(int year=1990,int month=1,int day=1)
        : _month(year), _year(month), _day(day)
    { }
    ~Date()
    {
        cout<<"~Date()"<<this<<endl;
    }
private:
    int _year=1990;
    int _month;
    int _day;
};
void test()
{
    Date d1;
}
int main()
{
    test();
    return 0;
}
```

在 test() 函数中构造了对象 d1，那么在出 test() 作用域 d1 应该被销毁，此时将调用析构函数，下面是程序的输出，当然在构建对象时是先调用构造函数的。

我们知道，在构造函数中，成员的在初始化是在函数体执行前完成的，并按照成员在类中出现的顺序进行初始化，而在析构函数中，首先执行函数体，然后再销毁成员，并且成员按照初始化的逆序进行销毁。

析构函数的作用是在类对象离开作用域后释放对象使用的资源，并销毁成员。那么这里所说的销毁到底是什么？继续往下看：

```
void test()
{
    int a=10;
    int b=20;
}
```

回想我们在一个函数体内定义一个变量的情况，在 test 函数中定义了 a 和 b 两个变量，那么在这个函数之外，a 和 b 就会被销毁（栈上的操作）。如果是一个指向动态开辟的一块空间的指针，需要进行 free，否则会造成内存泄漏。

说到这里，其实在类里面的情况和这是一样的，这就是合成析构函数体为空的原因，函数并不需要做什么，当类对象出作用域时系统会释放你的内置类型的那些成员。但是像上面说的一样，如果，成员里有一个指针变量并且指向了一块动态开辟的内存，那么也需要释放，此时就需要在析构函数内部写释放代码，这样在调用析构函数的时候就可以把所有的资源进行释放。

那么还有一点，当类类型对象的成员还有一个类类型对象，那么在析构函数里也会调用这个对象的析构函数。

如果不想要析构函数来对对象进行释放该怎么做呢，不显式的定义显然是不行的，因为编译器会生成默认的合成析构函数。之前我们知道如果想让系统默认生成自己的构造函数可以利用 default，那么还可以利用 delete。

```
class Date
{
  public:
    Date(int year=1990,int month=1,int day=1)
        : _year(year),_month(month), _day(day)
    { }
    ~Date()=delete;

  private:
    int _year=1990;
    int _month;
    int _day;
};
```

如果这样写了，又创建 Date 类型的对象，那么这个对象将是无法被销毁的，其实编译器并不允许这么做，直接会报错。

一般在显式地定义了析构函数的情况下，应该也把拷贝构造函数和赋值操作显式的定义。看下面的改动：

```
class Date
{
  public:
    Date(int year=1990,int month=1,int day=1)
```

```
        : _year(year),_month(month),_day(day)
    {
        p=new int;
    }
    ~Date()
    {
        delete p;
    }

  private:
    int _year=1990;
    int _month;
    int _day;
    int *p;
};
```

成员中有动态开辟的指针成员，在析构函数中对它进行了 delete，如果不显式的定义拷贝构造函数，当 Date d2（d1）创建 d2，默认的拷贝构造函数是浅拷贝，那么这么做的结果就是 d2 的成员 p 和 d1 的 p 是指向同一块空间的，那么调用析构函数时会导致一块空间被释放两次，程序会崩溃。

 3.4　类

3.4.1　类的组合

类中的成员数据是另一个类的对象。可以在已有抽象的基础上实现更复杂的抽象。类组合中的难点是关于它的构造函数设计问题。

示例：定义坐标点类 Point 和求两点距离的类 Distance，在每个类的构造函数中加上提示语句，以便观察构造函数被调用的顺序。

```
#include <iostream.h>
#include <math.h>
class Point {
public:
    Point(int xx,int yy)                 //构造函数
    {
      x=xx;
      y=yy;
      cout<<"Point's constructor was called"<<endl;
    }
    Point(Point &p);                     //拷贝构造函数
    int GetX(){return x;}
    int GetY(){return y;}
    ~Point()  {
     cout<<"Point's destructor was called"<<endl;
     }
private:
    int x,y;
};
Point::Point(Point &p)
```

```
{
    x=p.x;
    y=p.y;
    cout<<"Point's copyConstructor was called"<<endl;
}

class Distance {
private:
    Point p1,p2;
    double dist;
public:
    Distance(Point a,Point b);        //包含Point类
    double GetDis(void)
public:
    Distance(Point a,Point b);        //包含Point类
    double GetDis(void)
{
    return dist;
}
~Distance()
{
    cout<<"Distance's destructor was called"<<endl;
}
}
Distance::Distance(Point a,Point b):p1(a),p2(b)
{
    double x=double(p1.GetX()-p2.GetX());
    double y=double(p1.GetY()-p2.GetY());
    dist=sqrt(x*x+y*y);
    cout<<"Distance's constructor was called"<<endl<<endl;
}
void main() {
    Point myp1(1,1),myp2(4,5);
    Distance myd(myp1,myp2);
    cout<<'\n'<<"the distance is: "<<myd.GetDis()<<endl<<endl;
}
```

程序运行结果：

为什么构造函数的调用顺序是这样的?

（1）因为类组合的构造函数设计原则：不仅要对本类中的基本类型成员数据赋初值，也要对对象成员初始化。

声明形式：

类名::类名(对象成员所需的形参，本类成员形参):对象1(参数)，对象2(参数)，…
　　{
　　　　本类初始化
　　}

（2）类组合的构造函数调用。

① 构造函数调用顺序：先调用内嵌对象的构造函数（按内嵌时的声明顺序，先声明者先构造）。然后调用本类的构造函数。（析构函数的调用顺序相反）

② 初始化列表中未出现的内嵌对象，用默认构造函数（即无形参的）初始化。

③ 系统自动生成的隐含的默认构造函数中，内嵌对象全部用默认构造函数初始化。

3.4.2　前向引用声明

为什么需要前向引用声明? 在构造自己的类时,有可能会碰到两个类之间的相互引用问题,例如：定义了类 A 和类 B，A 中使用了 B 定义的类类型，B 中也使用了 A 定义的类类型。

例如：

```
class A;
class B
{
   A a;         //此处错误，没有完整定义A，那么就不能定义完整的对象
};
class A
{
   B b;         //正确
};
```

但是可以在给出完整的类的定义前，可以声明类的引用或者对象的指针，例如：

```
class A;
class B
{
   A&a;         //正确，前向应用声明了类A，可以使用类对象的引用了
   A*c;         //正确，前向应用声明了类A，可以使用类对象的指针了
};
```

类的引用应该注意以下问题：

（1）类应该先声明，后使用。

（2）如果需要在某个类的声明之前，引用该类，则应进行前向引用声明。

（3）前向引用声明只为程序引入一个标识符，但具体声明在其他地方。

使用前向引用声明虽然可以解决一些问题，但它并不是万能的。需要注意的是，尽管使用了前向引用声明，但是在提供一个完整的类声明之前，不能声明该类的对象，也不能在内联成员函数中使用该类的对象。

应该记住：当使用前向引用声明时，只能使用被声明的符号，而不能涉及类的任何细节。

3.5 结构体和联合体

3.5.1 结构体

结构体是一种构造数据类型,用途是把不同类型的数据组合成一个整体的自定义数据类型。

1. 定义结构体类型

```
struct 结构体
{
    任意类型 任意变量;
    任意类型 任意变量;
    ...
};
```

注意：这不是定义变量，而是自定义一种类型而已。

如：
```
struct student
  {
      char name[10];      //学生姓名
      int height;         //学生身高
      bool sex;           //学生性别，假设 0 表示女，1 表示男
  };                      //此处分号不能少
```

2. 定义结构体变量

类型定义好以后，则可以定义该类型的变量。

定义结构体变量：

```
struct student a,b;       // struct 可以省略
```

可以在定义结构体变量的时候赋值。如：

```
student a={"liudehua",172,1},b={"lixiaolong",172,1};
```

可以在定义结构体变量以后赋值，但注意不能再用 ｛ ｝。如：

```
student a,b;
a={"liudehua",172,1},b={"lixiaolong",172,1};//这是错误的
```

而应该是：

```
trcpy(a.name,"liudehua");
a.height=172;
a.sex=1;
```

3. 可以在定义结构体类型的时候同时定义结构体变量并赋值

```
struct student
{
    char name[10];          //学生姓名
    int height;             //学生身高
    bool sex;               //学生性别，假设 0 表示女，1 表示男
} a={"liudehua",172,1},b={"lixiaolong",172,1};
```

4. 访问结构体

访问结构体成员要用直接成员运算符"."或间接成员运算符"->"。

```
student a={"liudehua",172,1};
cout<<a.name<<a.height<<a.sex;
student *p=&a;
cout<<p->name<<p->height<<p->sex;
```

对于结构体变量，访问其中的成员采取"结构体变量.成员"的形式；而对于结构体指针，访问它所指向的结构体变量中的成员，则采取"结构体指针->成员"形式。

3.5.2 联合体

联合体也是一种自定义的复合类型，它可以包含多个不同类型的变量。这些变量在内存当中共用一段空间。这段空间的 size 就是各变量中 size 最大的那个变量。

定义联合体类型：

```
union myunion
{
    int num1;
    double num2;
    float num3;
};
```

定义了一个联合体类型 myunion。

```
myunion a，b;                    //定义了两个myunion型变量
```

也可以在定义联合体类型的时候定义联合体变量。如：

```
union myunion
{
    int num1;
    double num2;
    float num3;
}a,b;
```

我们分析一下 a 占用的空间。sizeof(a)结果即为 8，即 myunion 占用 8 字节，和 double 型变量相同。

注意：任一时刻，只能访问结构体里面的一个变量。

```
a.num1=2;
a.num2=3.154;
myunion *p;
p=&a;
p->num3=5.6;
```

struct 与 union 主要有以下区别：

（1）struct 和 union 都是由多个不同的数据类型成员组成，但在任何同一时刻，union 中只存放了一个被选中的成员，而 struct 的所有成员都存在。在 struct 中，各成员都占有自己的内存空间，它们是同时存在的。一个 struct 变量的总长度等于所有成员长度之和。在 union 中，所有成员不能同时占用它的内存空间，它们不能同时存在。union 变量的长度等于最长的成员

的长度。

（2）对于 union 的不同成员赋值，将会对其他成员重写，原来成员的值就不存在了，而对于 struct 的不同成员赋值是互不影响的。

在 C/C++程序的编写中，当多个基本数据类型或复合数据结构要占用同一片内存时，要使用联合体；当多种类型，多个对象，多个事物只取其一时（我们姑且通俗地称其为"n 选 1"），也可以使用联合体来发挥其长处。

首先看一段代码：

```
union myun
{
    struct {int x; int y; int z;}u;
    int k;
}a;
int main()
{
    a.u.x=4;
    a.u.y=5;
    a.u.z=6;
    a.k=0;
    printf("%d %d %d\n",a.u.x,a.u.y,a.u.z);
    return 0;
}
```

union 类型是共享内存的，以 size 最大的结构作为自己的大小，这样的话，myun 这个结构就包含 u 这个结构体，而大小也等于 u 结构体的大小，在内存中的排列为声明的顺序 x，y，z 从低到高。赋值时，在内存中 x 的位置放置 4，y 的位置放置 5，z 的位置放置 6。现在对 k 赋值，对 k 的赋值因为是 union 要共享内存，所以从 union 的首地址开始放置，首地址开始的位置其实是 x 的位置，这样原来内存中 x 的位置就被 k 所赋的值代替了，就变为 0，这时要进行打印，x 的位置也就是 k 的位置是 0，而 y，z 的位置的值没有改变，所以应该是 0，5，6。

3.6 UML 简介

UML 语言是一种可视化的面向对象建模语言。UML 有三个基本的部分：

（1）事物（Things）。UML 中重要的组成部分，在模型中属于最静态的部分，代表概念上的或物理上的元素。

（2）关系（Relationships）。关系把事物紧密联系在一起。

（3）图（Diagrams）。图是很多有相互相关的事物的组。

UML 中有 4 种类型的事物：

（1）结构事物（Structural Things）。

（2）动作事物（Behavioral Things）。

（3）分组事物（Grouping Things）。

（4）注释事物（Annotational Things）。

UML 中的关系：

（1）依赖（Dependencies）。

（2）关联（Association）。

（3）泛化（Generalization）。

（4）实现（Realization）。

UML 中的 9 种图：

（1）类图（Class Diagram）。

（2）对象图（Object Diagram）。

（3）用例图（Use case Diagram）。

（4）顺序图（Sequence Diagram）。

（5）协作图（Collaboration Diagram）。

（6）状态图（Statechart Diagram）。

（7）活动图（Activity Diagram）。

（8）组件图（Component Diagram）。

（9）实施图（Deployment Diagram）。

3.6.1　类图

Clock 类的完整表示如图 3-2 所示，Clock 类的简洁表示如图 3-2 所示。

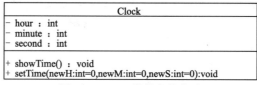

图 3-2　Clock 类的完整表示

Clock

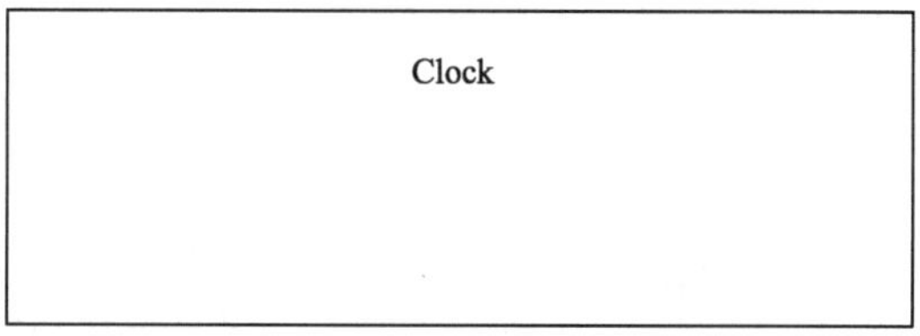

图 3-3　Clock 类的简洁表示

UML 规定数据成员表示的语法为：

[访问控制属性]名称[重数] [:类型] [=默认值] [{约束特征}]

这里必须至少指定数据成员的名称，其他都是可选的。

（1）访问控制属性：public，private，protected 分别对应于+，−，#。

（2）名称：表示数据成员的字符串。

（3）重数：可以在名称后面的方括号内添加属性的重数。

（4）类型：表示给数据成员的种类，可以是基本数据类型，也可以为用户自定义类型，还可以是某一个类。

（5）默认值：赋予该数据成员的初始值。

（6）约束特征：用户对该数据成员性质约束的说明，如{只读}。

3.6.2 对象图

myClock 对象图及简洁表示见图 3-4。

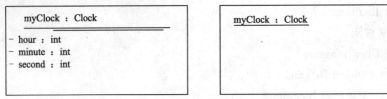

图 3-4　myClock 对象图及简洁表示

3.6.3 类与对象关系的图形标识

依赖关系如图 3-5 所示，图中的"类 A"是源，"类 B"是目标，表示"类 A"使用了"类 B"，或称"类 A"依赖"类 B"。

图 3-5　类 A 与类 B 的依赖关系

作用关系——关联如图 3-6 所示，图中的"重数 A"决定了类 B 的每个对象与类 A 的多少个对象发生作用，同样"重数 B"决定了类 A 的每个对象与类 B 的多少个对象发生作用。

图 3-6　类 A 与类 B 的关联关系

包含关系——聚集和组合如图 3-7 所示，聚集表示类之间的关系是整体与部分的关系，"包含""组成""分为…部分"等都是聚集关系。

继承关系——泛化如图 3-8 所示。

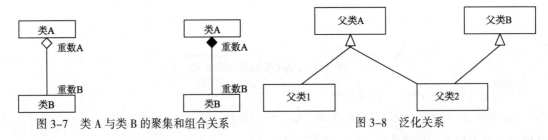

图 3-7　类 A 与类 B 的聚集和组合关系　　　　图 3-8　泛化关系

3.6.4 注释

在 UML 图形上，注释表示为带有褶角的矩形，然后用虚线连接到 UML 的其他元素上，它是一种用于在图中附加文字注释的机制，如图 3-9 所示。

图 3-9　注释

习 题

1. 什么是继承?什么是父类?什么是子类?继承的特性可给面向对象编程带来什么好处?什么是单重继承?什么是多重继承?

2. 什么是类成员，什么是实例成员？他们之间有什么区别？

3. 类与对象的关系是什么？

4. 构造方法和一般的方法有何区别？

5. 类的成员的访问控制修饰符有哪些，访问权限各是什么？

6. 复制构造函数用于哪些方面？

7. 学生有姓名（name）和成绩（score）信息。成绩有科目（course）和分数（grade）信息。学生类的 getResult 方法显示输出成绩信息，setData 方法实现初始化学生信息。编写学生类（Student）和成绩类（Score），并测试。

8. 定义一个学生类，包含三个属性（学号，姓名，成绩），均为私有的，分别给这三个属性定义两个方法，一个设置它的值，另一个获得它的值。然后在一个测试类里试着调用。

9. 定义一个圆类（Circle），属性为半径（radius）、圆周长和面积，操作为输入半径并计算周长、面积，输出半径、周长和面积。要求定义构造函数（以半径为参数，默认值为 0，周长和面积在构造函数中生成）和拷贝构造函数。

10. 设计一个学校在册人员类（Person）。数据成员包括：身份证号（IdPerson），姓名（Name），性别（Sex），生日（Birthday）和家庭住址（HomeAddress）。成员函数包括人员信息的录入和显示，还包括构造函数与拷贝构造函数，设计一个合适的初始值。

11. 编写程序，模拟银行账户功能。要求如下：属性、账号、储户姓名、地址、存款余额、最小余额。方法：存款、取款、查询。根据用户操作显示储户相关信息。如存款操作后，显示储户原有余额、今日存款数额及最终存款余额；取款时，若最后余额小于最小余额，拒绝收款，并显示"至少保留余额 XXX"。

12. 编写 strcpy 函数，已知 strcpy 函数的原型是 char *strcpy(char *strDest, const char *strSrc);其中 strDest 是目的字符串，strSrc 是源字符串。

（1）不调用 C++/C 的字符串库函数，请编写函数 strcpy。

（2）strcpy 能把 strSrc 的内容复制到 strDest，为什么还要 char * 类型的返回值？

第4章　数据的共享与保护

本章介绍 C++程序设计中必知的一些结构和语法的知识点。这些都是很基础但是很有必要掌握的知识，能够很好地利用这些知识就表示你有一些"内功"了。这些必知的知识包括作用域、可见性和生存期，还有局部变量、全局变量、类的数据成员、静态成员及友元和数据等。

4.1　标识符的作用域与可见性

本节会详细讲述作用域和可见性。作用域是用来表示某个标识符在什么范围内有效，可见性是指标识符是否可见、可引用。

4.1.1　作用域

作用域是这样一个区域，标识符在程序的这个区域内是有效的。C++的作用域主要有四种：函数原型作用域、块作用域、类作用域和命名空间作用域。

1. 函数原型作用域

函数原型是什么？比如：

```
void fun(int a);
```

这个语句就是函数原型的声明。函数原型声明中形参的作用范围就是函数原型作用域。fun()函数中形参 a 的有效范围在左、右两个括号之间，出了这两个括号，在程序的其他地方都无法引用 a。标识符 a 的作用域就是所谓的函数原型作用域。函数原型如果有形参，声明时一定要有形参的类型说明，但是形参名（比如 a）可以省略，不会对程序有任何影响，为了程序可读性好，一般都命名一个容易理解的形参名。函数原型作用域是最小的作用域。

2. 块作用域

```
void fun(int a){
  int b(a);
  cin>>b;
  if(b>0){
    int c;
    ...                 c 作用域
  }                                b 作用域
}
```

在块中声明的标识符，其作用域自声明处起，限于块中，例如：在 fun() 的函数体内声明了整型变量 b，又在 if 语句的分支内声明了变量 c，b 和 c 都具有块作用域，但是它们的块作用域并不同。b 的作用域从其声明处开始，到其所在块的结束处也就是整个函数体结束的地方为止，c 的作用域是从 c 声明处开始到其所在块结束也就是 if 分支体结束的地方为止。

3. 类作用域

假设有一个类 A，A 中有一个数据成员 x，x 在 A 的所有函数成员中都有效，除非函数成员中也定义了一个名称为 x 的变量，这样的 x 就具有类作用域。为什么要排除含有另一个名称也为 x 的变量的函数成员呢？因为那样 A 的数据成员 x 在此函数成员被函数成员中的另一个 x 覆盖，不可见了。

类 A 的数据成员 x 具有类作用域，对 x 的访问方式如下：

（1）如果在 A 的成员函数中没有声明同名的局部作用域标识符，那么在该函数内可以直接访问成员 x。

（2）通过表达式 a.x 访问。a 是类 A 的对象，x 是类 A 公有数据成员。

（3）通过表达式 prt->x。prt 是 A 类的指针变量。

4. 命名空间作用域

在讲命名空间作用域之前，先简单地介绍一下命名空间。例如，班级 A 中有位叫小张的同学，B 班也有一位叫小张的同学，假如你要找 A 班的小张，那么在走廊里大喊小张，就会产生歧义。为了声明你找的那个小张，就需说明：我要找 A 班的小张，歧义就会消除。这个 A 班，其实就是命名空间的限制。命名空间作用域又称文件作用域。

命名空间的语法如下：

```
namespace 空间名
{
  命名空间中的各种声明（变量、函数等）
}
```

在此命名空间内可以随意使用空间中的标识符，但若是想引用另一个命名空间中的标识符，就要使用如下的语法：

```
命名空间名::标识符
```

如：

```
namespace Ns
{
    int j;
}
Ns::j=10;
```

有时候这样使用也很麻烦，另外有一种简单的方法：using Ns::j 或者是 using namespace Ns; 下面就可以使用 Ns 中的标识符。

```
#include <iostream>
using namespace std;
int i;
```

```
namespace Ns
{
    int j;
}
int main()
{
    i=5;
    Ns::j=6;
    {                                    //子块
        using namespace Ns;
        int i;
        i=7;
        cout<<"i="<<i<<endl;
        cout<<"j="<<j<<endl;
    }
    cout<<"i="<<i<<endl;
    return 0;
}
```

上面的例子中，在 main()函数之前声明了变量 i，它属于命名空间，i 在整个源文件中都有效。而在子块中也声明了一个变量 i，这个 i 具有块作用域。进入 main()函数后给 i 赋初值 5，在子块中又声明了一个同名变量 i，并赋初值 7，第一次输出 i 时输出 i=7，为什么呢？因为子块里具有块作用域的 i 把外面具有命名空间作用域的 i 屏蔽掉了，就是说在子块中，具有命名空间作用域的 i 是不可见的。出了子块后，具有块作用域的 i 就无效了，所以就输出具有命名空间作用域的 i 的值 i=5。变量 j 也具有命名空间作用域，它被声明在命名空间 Ns 中，在主函数中通过 Ns::j 方式引用。

4.1.2　可见性

标识符的可见性是指在程序的某个地方是否是有效的，是否能够被引用、被访问。程序运行到某一处时，能够访问的标识符就是在此处可见的标识符。上面说的四种作用域中，最大的是命名空间作用域，其次是类作用域，再次是块作用域。它们的包含关系是如图 4-1 所示。

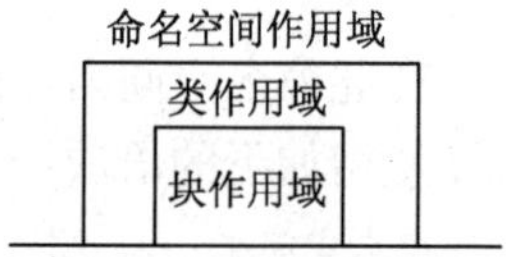

作用域可见性要注意的几点是：

（1）引用标识符时，必须先声明标识符。

（2）在一个作用域内，不能声明多于一个的同名标识符。

图 4-1　作用域的包含关系

（3）在不同的作用域，并且这些作用域间没有互相包含关系，则可以在其中声明同名标识符，这些同名标识符不会互相影响。

（4）如果在有包含关系的作用域中声明了同名标识符，则外层作用域中的标识符在内层作用域中不可见。

下面再来看一下命名空间作用域中的那个例子，此例中全局命名空间作用域中包含了块作用域。在子块之前可以引用具有命名空间作用域的变量 i，此时它是可见的，但是进入子块后，就只能引用具有块作用域的变量 i 了，这时具有命名空间作用域的变量 i 就不可见了，这就是上面所说的外层标识符被内层同名标识符屏蔽，又称同名覆盖。

4.2 对象的生存期

对象从产生到结束的这段时间就是它的生存期。在对象生存期内，对象将保持它的值，直到被更新为止。对象的生存期分为静态生存期和动态生存期。

4.2.1 静态生存期

若某个对象的生存期与程序的运行期相同，就说它具有静态生存期，即在程序运行期间它都不会释放。具有命名空间作用域的对象都具有静态生存期。

在 C++中，静态生存期与程序的运行期相同。静态生存期的变量只要程序一开始运行，它就存在，直到程序运行结束，此变量的生存期也就结束了。具有文件作用域的变量具有静态生存期。具有静态生存期的变量在固定的数据区域内分配空间。如果具有静态生存期的变量未初始化，则自动初始化为 0。全局变量、静态全局变量、静态局部变量都具有静态生存期。如果要在函数内部的局部作用域中声明具有静态生存期的对象，则要使用关键字 static。

程序举例：

```
#include <iostream>
using namespace std;
void fun()
{
    static int a=1;
    int b=2;
    a=a*2;
    b=b*2;
    cout<<"a="<<a<<" b="<<b<<endl;
}
void main()
{
    fun();
    fun();
}
```

程序运行结果：

```
a=2 b=4
a=4 b=4
```

造成两次结果不同的原因是变量 a 具有静态生存期，这样的变量不会随着每次函数的调用产生一个新的副本，也不会随着函数返回而失效。第 n 次调用函数时，静态变量的值为第 n-1 次调用的静态变量的值，依比类推。所以第二次输出的值为 2*2，而不是 1*2。

4.2.2 动态生存期

除了上述情况的对象具有静态生存期外，其余对象都具有动态生存期，习惯上称为局部生存期对象。具有动态生存期的对象产生于声明处，于该对象的作用域结束处释放。

代码说明：

（1）类 A，含构造函数和析构函数。

（2）普通函数 fun()，函数体中新建了类 A 的局部自动对象 FunObj 和局部静态对象 InStaObj。

（3）main()方法新建了类 A 的局部自动对象 MainObj，调用 fun()方法。

（4）外面新建了 A 的外部静态对象 ExStaObj 和外部对象 GblObj。

```
#include <iostream>
#include <string.h>
using namespace std;
class A {
  char string[40];
  public :
  A(char * st);
  ~A();
};


A::A(char * st)
{
   strcpy(string, st);
   cout<<string<<"被创建时调用构造函数！"<<endl;
}
A::~A()
{
    cout<<string<<"被撤销时调用析构函数！" <<endl;
}


void fun()
{
   cout<<"在 fun()函数体内 : \n"<<endl;
   A FunObj("fun()函数体内的自动对象 FunObj");
   static A InStaObj("内部静态对象 InStaObj");
}


int main()
{
   A MainObj("主函数体内的自动对象 MainObj");
   cout<<"主函数体内，调用 fun()函数前: \n";
   fun();
   cout<<"\n 主函数体内，调用 fun()函数后:\n";
   return 0;
}


static A ExStaObj("外部静态对象 ExStaObj");
A GblObj("外部对象 GblObj");
```

程序运行结果：

外部静态对象 ExStaObj 被创建时调用构造函数！
外部对象 GblObj 被创建时调用构造函数！
主函数体内的自动对象 MainObj 被创建时调用构造函数！
主函数体内，调用 fun()函数前：
在 fun()函数体内 ：
fun()函数体内的自动对象 FunObj 被创建时调用构造函数！
内部静态对象 InStaObj 被创建时调用构造函数！

fun()函数体内的自动对象 FunObj 被撤销时调用析构函数！

主函数体内，调用 fun()函数后：

主函数体内的自动对象 MainObj 被撤销时调用析构函数！

内部静态对象 InStaObj 被撤销时调用析构函数！

外部对象 GblObj 被撤销时调用析构函数！

外部静态对象 ExStaObj 被撤销时调用析构函数！

若将 A GblObj("外部对象 GblObj"); 写在 static A ExStaObj("外部静态对象 ExStaObj");前面，则输出时两者顺序也颠倒。

分析：

（1）创建顺序，外部静态对象或外部对象优先于 main()函数。

（2）销毁顺序，和创建顺序相反，静态对象会在 main()函数执行完才会销毁。

内存的三种分配方式：

（1）从静态存储区分配：此时的内存在程序编译的时候已经分配好，并且在程序的整个运行期间都存在。全局变量、static 变量等在此存储。

（2）在栈区分配：相关代码执行时创建，执行结束时被自动释放。局部变量在此存储。栈内存分配运算内置于处理器的指令集中，效率高，但容量有限。

（3）在堆区分配：动态分配内存。用 new/malloc 开辟，delete/free 释放。生存期由用户指定，灵活，但有内存泄露等问题。

如图 4-2 所示，对应的生存期为静态生存期、动态生存期和局部生存期等。

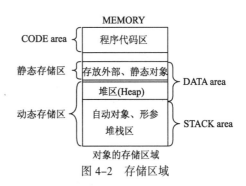

图 4-2　存储区域

 ## 4.3　类的静态成员

静态成员用于解决同一个类中不同对象之间数据和函数共享问题。即在 C++类中声明成员时可以加上 static 关键字，这样声明的成员称为静态成员（包括数据成员和成员函数）。即声明为 static 的类成员或者成员函数能在类的范围内共享。

静态成员不可在类体内进行赋值，因为它是被所有该类的对象所共享的。你在一个对象中给它赋值，其他对象中的该成员也会发生变化。为了避免混乱，不可在类体内进行赋值。

静态成员是类所有对象的共享成员，而不是某个对象的成员。它在对象中不占用存储空间，这个属性为整个类所共有，不属于任何一个具体对象。所以静态成员不能在类的内部初始化，比如声明一个学生类，其中一个成员为学生总数，则这个变量就应当声明为静态变量，应该根据实际需求来设置成员变量。

静态成员应注意以下几点：

（1）static 成员的所有者是类本身和对象，但是多个对象拥有一样的静态成员。从而在定义对象时不能通过构造函数对其进行初始化。

（2）静态成员不能在类定义中初始化，只能在 class body 外初始化。

（3）静态成员仍然遵循 public、private、protected 访问准则。

（4）静态成员函数没有 this 指针，它不能返回非静态成员，因为除了对象会调用它外，类本身也可以调用它。

4.3.1 静态数据成员

静态数据成员是使用 static 关键字声明的属性。静态数据成员具有静态生存期。静态数据成员属于类，又称具有"类属性"的数据成员。静态数据成员不属于任何对象。

静态数据成员的访问方式：

类名::标识符

或

对象名.标识符

在类中对静态数据成员进行声明，在类外使用类名限定对静态数据成员进行定义及初始化。没有定义的静态数据成员不能使用。静态数据成员通常应该通过非内联函数来访问。静态数据成员的用途之一是统计有多少个对象实际存在。

静态数据成员不能在类中初始化，实际上类定义只是在描述对象的蓝图，在其中指定初值是不允许的。也不能在类的构造函数中初始化该成员，因为静态数据成员为类的各个对象共享，否则每次创建一个类的对象则静态数据成员都要被重新初始化。

```
#include <iostream>
using namespace std;
class Point
{ public:
    void GetC();
    static int countP;
};
int Point::countP=12;
void Point::GetC()
{ cout<<"Object id="<<countP<<endl;}
void main()
{ Point p1;
  p1.GetC();
  point::countP++;
  cout<<Point::countP<<endl;
  cout<<p1.countP<<endl;
}
```

如上所示，在 Point 类中声明了公有属性的静态数据成员。在主函数中，公有属性的数据成员既可以用类名 Point::countP 访问，也可以用对象名 p1.countP 访问。

4.3.2 静态成员函数

使用 static 修饰的函数成员称为静态成员函数。静态成员函数是属于类的，由该类的所有对象共同拥有，为这些对象共享。对于公有的静态成员函数可以通过类名或对象名进行调用。

类名::函数名(参数表)

或

对象名.函数名(参数表)

非静态成员函数只能通过对象名来调用。静态成员函数可以直接访问该类的静态数据成员和静态成员函数。静态成员函数不能直接访问类中的非静态成员，必须通过参数传递得到对象名，然后通过对象名来访问。

```cpp
#include <iostream>
using namespace std;
class test
{
  private:
    int x;
    int y;
  public:
    static int num;
    static int Getnum()
    {
        x+=4;//这行代码错误，静态成员函数不能调用非静态数据成员，要通过类的对象来调用
        num+=15;
        return num;
    }
};
int test::num=10;
int main(void)
{
    test a;
    cout<<test::num<<endl;        //10
    test::num=20;
    cout<<test::num<<endl;        //20
    cout<<test::Getnum()<<endl; //35
    cout<<a.Getnum()<<endl;        //50
    system("pause");
    return 0;
}
```

通过上例可知：x+=4; 这行代码是错误的。静态函数成员必须通过对象名来访问非静态数据成员。另外，静态成员函数在类外实现时无须加 static 关键字，否则是错误的。若在类的体外实现上述静态成员函数，不能加 static 关键字，如下所示：

```cpp
int test::Getnum() {
    …
}
```

静态成员函数可以直接访问该类的静态数据和函数成员，而访问非静态数据成员必须通过参数传递的方式得到一个对象名，然后通过对象名来访问。

```cpp
class Myclass
{
  private:
    int a,b,c;
    static int Sum;                //声明静态数据成员
  public:
    Myclass(int a,int b,int c);
```

```
        void GetSum();
};
int Myclass::Sum=0;                    //定义并初始化静态数据成员
Myclass::Myclass(int a,int b,int c)
{
    this->a=a;
    this->b=b;
    this->c=c;
    Sum+=a+b+c;
}
void Myclass::GetSum()
{
    cout<<"Sum="<<Sum<<endl;
}
int main(void)
{
    Myclass me(10,20,30);
    me.GetSum();
    system("pause");
    return 0;
}
```

由上例可知，非静态成员函数可以任意访问静态成员函数和静态数据成员。非静态成员函数 Myclass(int a,int b,int c)和 GetSum()都访问了静态数据成员 Sum。静态成员函数不能访问非静态成员函数和非静态数据成员。

关于静态成员函数，注意以下几点：

（1）出现在类体外的函数定义不能指定关键字 static；

（2）静态成员之间可以相互访问，包括静态成员函数访问静态数据成员和访问静态成员函数；

（3）非静态成员函数可以任意访问静态成员函数和静态数据成员；

（4）静态成员函数不能访问非静态成员函数和非静态数据成员；

（5）由于没有 this 指针的额外开销，因此静态成员函数与类的全局函数相比运行速度会更快；

（6）调用静态成员函数，可以用成员访问操作符（.）和（−>）为一个类的对象或指向类对象的指针调用静态成员函数，当同一类的所有对象使用一个量时，对于这个共用的量，可以用静态数据成员变量，这个变量对于同一类的所有的对象都取相同的值。静态成员变量只能被静态成员函数调用。静态成员函数也是由同一类中的所有对象共用。只能调用静态成员变量和静态成员函数。

4.4 类 的 友 元

类具有封装和信息隐藏的特性，只有类的成员函数才能访问类的私有成员，程序中的其他函数是无法访问私有成员的。非成员函数可以访问类中的公有成员，但是如果将数据成员都定义为公有的，这又破坏了隐藏的特性。另外，应该看到在某些情况下，特别是在对某些成员函数多次调用时，由于参数传递、类型检查和安全性检查等都需要时间开销，而影响程序的运行效率。

　　为了解决上述问题，提出一种使用友元的方案。友元是一种定义在类外部的普通函数或类，但它需要在类体内进行说明，为了与该类的成员函数加以区别，在说明时前面加关键字 friend。友元不是成员函数，但是它可以访问类中的私有成员。友元的作用在于提高程序的运行效率，但是，它破坏了类的封装性和隐藏性，使得非成员函数可以访问类的私有成员。不过，类的访问权限确实在某些应用场合显得有些呆板，从而容忍了友元这一特殊语法现象。

　　友元可以是一个函数，该函数称为友元函数；友元也可以是一个类，该类称为友元类。

4.4.1　友元函数

　　友元函数是能够访问类中的私有成员的非成员函数。友元函数从语法上看，它与普通函数一样，即在定义上和调用上与普通函数一样。

　　友元关系不具有对称性。即 A 是 B 的友元，但 B 不一定是 A 的友元。友元关系不具有传递性。即 B 是 A 的友元，C 是 B 的友元，但是 C 不一定是 A 的友元。

　　友元提供了不同类的成员函数之间、类的成员函数与一般函数之间进行数据共享的机制。通过友元，一个不同函数或另一个类中的成员函数可以访问类中的私有成员和保护成员。C++中的友元为封装隐藏"这堵不透明的墙开了一个小孔"，外界可以通过这个小孔窥视内部的秘密。

　　友元的正确使用能提高程序的运行效率，但同时也破坏了类的封装性和数据的隐藏性，导致程序可维护性变差。

　　下面举一例子说明友元函数的应用。

```
#include <iostream>
#include <cmath>
using namespace std;
class Point
{
  public:
    Point(double xx, double yy)
    {
        x=xx;
        y=yy;
    };
    void Getxy();
    friend double Distance(Point &a, Point &b);
  private:
    double x, y;
};
void Point::Getxy()
{
    cout<<"("<<x<<","<<y<<")"<<endl;
}
double Distance(Point &a, Point &b)
{
    double dx=a.x-b.x;
    double dy=a.y-b.y;
    return sqrt(dx*dx+dy*dy);
}
int main(void)
```

```
{
    Point p1(3.0, 4.0), p2(6.0, 8.0);
    p1.Getxy();
    p2.Getxy();
    double d=Distance(p1, p2);
    cout<<"Distance is"<<d<<endl;
    return 0;
}
```

说明：在该程序的 Point 类中声明了一个友元函数 Distance()，声明时前边加 friend 关键字，标识它不是成员函数，而是友元函数。它的定义方法与普通函数的定义一样，而不同于成员函数的定义，因为它不需要指出所属的类。但是，它可以引用类中的私有成员，函数体中 a.x、b.x、a.y、b.y 都是类的私有成员，它们是通过对象引用的。在调用友元函数时，同调用普通函数一样，不要像成员函数那样调用。本例中，p1.Getxy()和 p2.Getxy()是成员函数的调用，要用对象来表示。而 Distance(p1, p2)是友元函数的调用，它直接调用，不需要对象表示，它的参数是对象。该程序的功能是已知两点坐标，求出两点的距离。

4.4.2　友元类

友元还可以是类，即一个类可以作为另一个类的友元。当一个类作为另一个类的友元时，这就意味着这个类的所有成员函数都是另一个类的友元函数，都可以访问另一个类中的隐藏信息（包括私有成员和保护成员）。

定义友元类的语句格式如下：

```
friend class 类名(即友元类的类名);
```

注意：

（1）友元关系不能被继承。

（2）友元关系是单向的，不具有交换性。若类 B 是类 A 的友元，类 A 不一定是类 B 的友元，要看在类中是否有相应的声明。

（3）友元关系不具有传递性。若类 B 是类 A 的友元，类 C 是类 B 的友元，类 C 不一定是类 A 的友元，同样要看类中是否有相应的声明。

友元函数不容易解决的问题，即一个函数作为一个类的函数，同时又是另一个类的友元。如果决定该函数必须作为一个类的成员函数，同时又是另一个类的友元，则成员函数声明和友元声明如下：

```
class Window;
class Screen
{
    public:
    //copy是类 Screen 的成员
    Screen&copy(Window&);
    //...
};
class Window
{
    //copy是类 Window 的一个友元
    friend Screen& Screen::copy(Window&);
    //...
```

```
}
```

只有当一个类的定义已经被定义时，它的成员函数才能被声明为另一个类的友元。例如 Screen 类必须把 Window 类的成员函数声明为友元，而 Window 类必须把 Screen 类的成员函数声明为友元。在这种情况下可以把整个 Window 类声明为 Screen 类的友元。

```
class Window;
class Screen
{
    friend class Window;
    //…
};
```

Screen 类的非公有成员现在可以被 Window 的每个成员函数访问。

 ## 4.5　共享数据的保护

对于既需要共享、又需要防止改变的数据应该声明为常量。本节介绍常对象、对象的常成员、常引用。

常类型的对象必须进行初始化，且不能被更新。

（1）常引用：被引用的对象不能被更新。

const　类型说明符　&引用名

（2）常对象：必须进行初始化，不能被更新。

const　类名　对象名

（3）常数组：数组元素不能被更新。

const　类型说明符　数组名[大小]

（4）常指针：指向常量的指针。

con1st　类型说明符　*指针名

4.5.1　常对象

常对象的数据成员值在对象的整个生存期间内不能被改变。常对象必须进行初始化，而且不能被更新。常对象的声明形式：

const 类名 对象名;

或

类名 const 对象名;

常对象举例：

```
class A
{
    public:
        A(int i,int j) {x=i; y=j;}
    private:
        int x,y;
};
```

```
A const a(3,4);
A b(1,2);
a=b;      //出错! 因为 a 是常对象, 不能被更新

#include <iostream>
using namespace std;
class A
{
    public:
        A(int i,int j) {x=i; y=j;}
        void setX(int a){x=a;}
        void setY(int b){y=b;}
        int getX(){return x;}
        int getY(){return y;}
    private:
        int x,y;
};

void main()
{    A const a(3,4);
     a.setX(8);
     a.setY(9);
     cout<<a.getX()<<ends<<a.getY()<<endl;
}
```

如上所示 a.setX(8)和 a.setY(9)会出现编译错误, 原因是不能通过常对象调用普通的成员函数。

4.5.2 对象的常成员函数

常成员函数是指由 const 修饰符修饰的成员函数, 在常成员函数中不得修改类中的任何数据成员的值。

常成员函数的声明形式:

类型说明符 函数名(参数表)const;

注意:

(1) const 是函数类型的一个组成部分, 因此在函数定义部分需要 const 关键字修饰。

(2) 常成员函数不能更新对象的数据成员, 也不能调用该类中非 const 的成员函数。

(3) 常成员函数可以使用非 const 数据成员。

(4) 常对象只能调用常成员函数。

(5) const 可以用于区分重载函数。

```
#include <iostream>
using namespace std;
class R
{
    public:
        R(int r1, int r2){R1=r1;R2=r2;}
        void print();
        void output() const;
    private:
```

```
        int R1,R2;
};
void R::print()
{   R1++;R2++;
    cout<<R1<<":***:"<<R2<<endl;
    output();                    //可以调用常成员函数
}
void R::output() const
{
    cout<<R1<<";###:"<<R2<<endl;
}

void main()
{
    R a(5,4);
    a.output();
    a.print();
}
```

上述常成员函数中，存在两个错误：

错误 1：R1++;R2++; 常成员函数不能更新对象的数据成员。

错误 2：print(); 常成员函数不能调用类中没有用 const 修饰的成员函数。

4.5.3　对象的常数据成员

常数据成员是指在类中定义的不能修改其值的一些数据成员，类似于常变量，虽然是变量，也有自己的地址，但是一经赋初值，便不能再被修改。适用于类中定义一些初始化之后不希望被修改的变量。

定义方法：

const 类型名 变量名；

注意：

（1）使用 const 说明的数据成员；

（2）任何函数都不能修改该数据成员的值；

（3）其初始化由构造函数完成，且只能在初始化列表中给出；

（4）静态常数据成员还是在文件作用域内定义性说明和初始化。

```
#include <iostream>
using namespace std;
class A
{
    public:
        A(int i);
        void print();
    private:
        const int a;
        const int& r;
```

```
        static const int b;   //静态常数据成员，数据共享+保护
};
const int A::b=10;
A::A(int i):a(i),r(a)
{ }
void A::print()
{ cout<<a<<":"<<b<<":"<<r<<endl; }
void main()
{
    A a1(100),a2(0);
    a1.print();
    a2.print();
}
```

如上所示：静态常数据成员在类外初始化，常数据成员通过初始化列表获得初值。为了进行区分，将静态数据成员和常数据成员进行比较：

常数据成员类似常变量，是一种一经赋值就不可以改变的变量。它们最大的区别就是静态数据成员是可以被修改的，而且可以被任何一个对象修改，修改后的值，可以被所有的对象共享。

静态数据成员属于一个类而不属于某一个对象，它是为该类所定义的所有对象共有。该类所定义的对象都可以引用该静态成员，并且值都是一样的。

静态数据成员的存储空间不同于普通数据成员，它不属于类的任何一个对象，是独立于对象存储的，因此也不可以通过对象的 this 指针来访问。

静态数据成员不可以用参数初始化表进行初始化操作，原因很简单，因为初始化表是在定义对象的时候进行的，利用 this 指针进行操作。

4.5.4 常引用

如果在声明引用时，用 const 修饰，被声明的引用就是常引用。常引用所引用的对象不能被更新。常引用的声明形式：

const 类型说明符& 引用名；

或

类型说明符 const& 引用名；

常引用作实参：

```
#include <iostream>
using namespace std;
void display(const double& r);
void main()
{
    double d(9.5);
    display(d);
    cout<<"d="<<d<<endl;
}
```

```
void display(const double& r)
{
    r++;   //将产生编译错误
    cout<<"r="<<r<<endl;
}
```

 # 4.6　多文件结构和编译预处理命令

4.6.1　C++程序的一般组织结构

完整的 C++源程序一般由三部分构成：类的定义、类成员的实现、主函数。在较大的项目中，常需要多个源文件（即多个编译单元），C++要求一个类的定义必须在使用该类的编译单元中。因此，把类的定义写在头文件中，一个完整的源程序如图 4-3 所示。

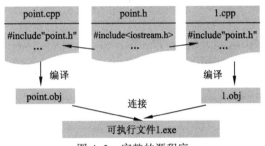

图 4-3　完整的源程序

一个项目至少分三个文件：类定义文件（.h）、类实现文件（.cpp）、类的使用文件（.cpp）。

对于复杂的程序：每个类都有单独的类定义和类实现。这样做的好处：可以对不同的文件进行单独编写、编译，最后连接，同时利用类的封装性，在程序的调试和修改时只对其中某一个类的定义和实现修改，其余保持不动。

下面先看一段程序：

```
#include <iostream>
using namespace std;
void fun1();
void fun2();
void fun3();
void main() {
    fun1();
    fun2();
    fun3();
};
void fun1(){cout<<"我是函数1"<<endl;};
void fun2(){ cout<<"我是函数2"<<endl;};
void fun3(){cout<<"我是函数3"<<endl;};
```

这个程序的所有函数声明、函数实现都放在同一个文件中，代码量很少，容易看得懂。而当代码量很多时，这样的程序可读性不好，而且调试起来很费力。

为了体现 C++语言模块化的编程思想，将上面 3 个函数的声明放在一个文件（.h）中。将 3

个函数的实现分别放在 3 个文件中（.cpp）中。

（1）新建一个 Win32 Console Application（控制台）工程（必须新建一个工程，稍后解释），如 duoWenJianProgram。

（2）新建一个 C/C++Header File，添加到工程 duoWenJianProgram。如 myFunLib.h 的内容如下：

```
void fun1();
void fun2();
void fun3();
```

（3）新建一个 C++ Source File，添加到工程 duoWenJianProgram。如 fun1.cpp 的内容如下：

```
#include "myFunLib.h"
using namespace std;
void fun1(){
    cout<<"我是函数1"<<endl;
};
```

（4）同理建 fun2.cpp。

（5）同理建 fun3.cpp。

（6）同理建主函数文件 main.cpp，内容如下：

```
#include "myFunLib.h"
using namespace std;
void main() {
    fun1();
    fun2();
    fun3();
}
```

然后分别编译、连接 Compile fun1.cpp，fun2.cpp，fun3.cpp，main.cpp，Build main.cpp，再执行即可。

一个 C/C++程序从源代码文件到可执行文件需要 2 步：编译和连接。这个过程需要用到编译器 cl 和连接器 link。

cl 负责生成.obj 文件，每个.c/.cpp 文件都会生成一个.obj 文件。简单地说，每个.c/.cpp 文件都是一个编译单元，每个编译单元编译的结果是一个.obj 的中间文件。

.obj 文件中包含了直接由.c/.cpp 源程序生成的汇编代码，这个.c/.cpp 文件需要查找的符号。符号，就是这个函数或者对象通过编译器后产生的名称。

每个编译单元生成的.obj 文件都会引用一些不在此文件中的符号，这些符号定义在别的.obj 文件中，称为外部调用。所以，在编译阶段，所有要用到的符号必须被声明。

连接器 link 负责把这些.obj 文件联系在一起，所有的符号也就都有了定义，link 负责将每个.obj 文件中的符号查找表中的内容转换成一个地址。这个地址就是最后生成的.exe 文件的入口地址。所以在连接阶段，所有的函数必须被定义，函数必须有实体。

4.6.2　编译预处理命令

预处理指令声明中出现的注释以及由#符号开头的指令在预编译处理过程中都会被忽略掉。

宏定义在 C++中依然使用，但最好的方式是在类型说明语句中用 const 修饰取代宏定义。

大型程序中，往往需要使用很多头文件，因此要发现重复包含并不容易。可以在头文件中使用条件编译解决这个问题。表 4-1 所列为所有预处理指令及其意义。

表 4-1　预处理指令及其意义

指　　令	意　　义
#define	定义宏
#undef	取消定义宏
#include	包含文件
#ifdef	其后的宏已定义时激活条件编译块
#ifndef	其后的宏未定义时激活条件编译块
#endif	中止条件编译块
#if	其后表达式非零时激活条件编译块
#else	对应#ifdef、#ifndef 或#if 指令
#elif	和#if 结合
#line	改变当前行号或者文件名
#error	输出一条错误信息
#pragma	为编译程序提供非常规的控制流信息

1. 宏定义

（1）不带参数的宏定义。

① 不带参数的宏定义就是用一个标识符（宏名）来代表一个字符串。它的一般形式为：

```
#define Macro Str
```

在预处理的时候程序中的宏名 Macro 被替换为字符串 Str，这个过程称为宏展开。

② #define 指令出现在程序中函数的外面，宏名的有效范围为该指令行起到本源文件结束或#undef。

③ 宏展开只是简单的字符串替换，简单宏常用于定义常量，宏没有类型，也没有优先级的概念，宏定义常量主要用于指定数组长度#define ayyLength 256，建议尽量使用 const 或 enum 代替宏定义常量，如 const int arrLen 256;。建议不使用宏定义类型#define Status int 而是用 typedef 关键字，如 typedef Status int;。

④ 宏不是 C 语句不能加分号，否则会将分号一起代入。考虑到优先级问题，其中表达式也可能需要括号。

⑤ 宏代替的字符串可以是常量也可以是表达式、格式描述符、语句（甚至是它们的一部分）等任何 C 程序中出现的字符串。当然，宏代替的字符串中也可以包含已定义的宏名。

```
#undef macro
```

#undef 指令可以终止宏名的定义。

（2）带参数的宏定义。

① #define Macro(argus) str，对带参数的宏展开是将带实参的宏按照#define 指令行中按从左到右的顺序进行置换。宏名和带参数的括号之间不能加空格，否则将成为无参数宏，空格后的每个字符都将作为替代字符串的一部分。

② 带参数的宏不是函数，它只是进行简单字符代换。定义宏时参数和字符串可以是任意的，但在定义时要注意标识符不能出现重名，如#define Macro(Macro) str（利用代码块作用域）。在实际调用时参数可能是单个数据对象也可能是表达式，由于宏只进行简单文本代换，考虑到优先级和结合性的问题，建议在定义宏时将参数用小括号括起以作为一个独立单位。

③ 含参宏类似于 inline()函数，其调用也是采用传址的方式（实际上是在调用点嵌入函数代码）。宏无类型，其参数也没有类型，只是一个符号代表，含参宏可以作为模板函数（C++引入，不同类型的参数可以使用同一段函数体）。

④ 宏与函数相比没有参数传递和返回值的限制，使用更加自由灵活，而函数相对独立，便于完成较复杂的任务。函数调用需较多时间处理内存等，而宏不需要。

（3）宏定义中的运算符。

① 对程序作预处理前，编译器会进行翻译处理。编译器首先把源代码中的字符映射到源字符集。然后编译器查找反斜线后紧跟换行符（这里指按【Enter】键在源代码中产生的换行符而非转义字符'\n'）的实例并删除这些实例。所以反斜线加回车键可以将宏定义扩展到多行。

② #运算符与参数结合可以将参数名转换为相应字符串。例如：x 是宏的形参，实参为 1 时#x 将被替换为"1"（字符串),x 将被替换为 1（数值常量）。

③ ##运算符可以把两个语言符号组合成一个语言符号。例如：n是宏的形参，实参为1时，x##n 将变为标识符 x1，如果无##编译器将把 xn 当作一个语言符号，在宏参数中无法找到，于是不进行替换。

2. 文件包含处理

```
#include <filename>
```

或

```
#include "filename"
```

尖括号中的文件名优先在编译器安装目录中查找（通常是标准库），双引号中的文件优先在工作目录中查找（自定义库）。

文件包含处理是指将另一个源文件的全部内容包含进来，即将另外的文件内容包含到本文件中，插入到当前位置，代替预处理指令然后进行编译得到一个目标文件。

头文件中只有函数声明和宏定义，真正的实现在库中。在连接（linking）时，库才被连接进来。

这种常用在文件头部的被包含文件称为头文件（header），常以.h 作为扩展名。当然不用.h 作为扩展名用.c 作为扩展名也是可以的，但是用.h 更能表示此文件的性质。

同样，#include 指令不一定要出现在文件首部。应当注意，被包含文件修改后，凡包含此文件的所有文件都要全部重新编译。文件包含处理是将要包含文件的内容代替预处理指令，成为源文件的一部分。

3. 条件编译

条件编译使得程序中的一部分内容只在满足一定条件时才进行编译或不进行编译。

（1）ifdef 指令：

```
#ifdef Label
    程序段1
#else
    程序段2
#endif
```

若指定的标识符已经被#define 指令定义过，则对程序段 1 进行编译，否则对程序段 2 进行编译。可以用于程序调试等。

也可以用：

```
#ifdef
    程序
#endif
```

（2）ifndef 指令：

```
#ifndef Label
    程序段1
#else
    程序段2
#endif
```

与（1）正好相反，若标识符未被定义则编译程序段 1，否则编译程序段 2。

为了避免头文件重复包含，通常使用条件编译：

```
#ifndef STDIO_H
#define STDIO_H
    ...
#endif
```

（3）if 指令：

```
#if expr
    程序段1
#else
    程序段2
#endif
```

表达式为真时编译程序段 1，否则编译程序段 2。

不用条件编译指令而用 if 语句同样也可以实现，但是那样做目标程序长（所有语句都参加编译），运行时间长（在 if 语句处需进行逻辑判断）。

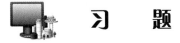

习　题

1. 什么叫作用域？有哪几种类型的作用域？

2. 什么叫静态数据成员？它有何特点？

3. 为什么在友元函数的函数体内访问对象成员时，必须用对象名加运算符 "."再加对象成员名？

4. 简述静态成员函数和普通成员函数的区别。

5. 为什么使用 const？const 有哪些用法？

6. 什么是实例？什么是引用？

7. 定义 cat 和 dog 两个类，二者都有 weight 属性，定义二者的一个友元函数 getTotalWeight()，计算二者的重量和。

8. 在函数内部定义的普通局部变量和静态局部变量在功能上有何不同？计算机底层对这两类变量做了怎样的不同处理，导致了这种差异？

9. 假设有两个无关系的类 Person 和 Class，使用时，如何使 Class 成员访问 Person 中的私有保护变量？

10. 什么是预处理？常用的预处理命令有哪些？

第5章　继承与派生

继承与派生是 C++的重要特性，是 C++为了软件重用而引入的一个重要且有力的机制。随着软件越来越复杂、软件开发越来越困难，软件重用就成为提高软件开发效率的重要手段。类是面向对象程序的主要构成单元，因此面向对象软件的重用主要体现在类的重用上。类的继承与派生机制是包含 C++在内的面向对象程序设计语言提供的一种解决软件重用问题的途径。

假设你想设计一些类来建模几何对象：圆、矩形、三角形等。这些类直接有很多共同点。那么在设计这些类的同时避免冗余的最佳方式是什么呢？答案是继承——这也是本章的主要内容。

5.1　继承与派生的概念

在客观世界中，很多事物之间都有着各种各样复杂的联系。例如，在一个家庭里，孩子与父母有很多相像的地方，但是更多的时候孩子会表现出不同于父母的个性来；在医院里，工作人员有医生和护士两种，他们既有分工又有协作，有时某些护士还有可能成为某位医生的助手；在大学里，学生们都具有相似的作息时间，但是由于主修的专业不同，他们可能会选择不同的课程，参加不同的考试，等等。在这些纷繁庞杂的关系中，我们发现很多事物之间既有共性，也有特性。运用抽象的原则舍弃对象的特性，提取其共性，从而得到适合一个对象集的类。如果在这个类的基础上，再考虑抽象过程中各个对象被舍弃的那部分特性，则可形成一个新的类，这个新类和前一个类之间就形成一种层次关系，即继承关系。

在现实生活中，继承非常普遍，现代产品设计中继承的思想也被广泛应用。例如，人们可能有各种银行卡，它们都是"卡"，都包含卡号、所有者等属性，每个银行的卡可能有区别，或同一个银行的卡可能也有区别，它们的其他属性和功能可能会不同，这时每类卡都能在已有卡的基础上进行设计。又如电视机、汽车、手机等，它们常常是在已有的基础上进行改进，很少会把原有的东西全部推翻而重新设计，因为已有的基础上进行改进或有些模块沿用以前的设计能降低设计、生产、测试成本。在程序模拟中，某个银行的卡可从"卡"继承，在已有卡上增加属性和功能，或增强原来的某些功能；新型号的电视机，可从前一个型号继承，在前一个型号的基础上增加属性和功能，或增强原来的某些功能；新型号的汽车或手机，同样可在前一个型号的基础上增加属性和功能，或增强原来的某些功能。

上述设计理念在软件设计领域同样适用。在开发一个新的软件时，如果能够把已有软件（全部或部分）直接用到新软件中，这不仅能够减低软件开发的工作量和成本，缩短开发周期，而且也对提高软件的可靠性和保证软件质量起到一定的作用（因为已有软件已通过大量正确性测试）。但由于种种原因（如技术和资源等方面的限制），将已有软件不加修改地直接用在新软件中目前是很困难的，已有软件的功能与新软件所需要的功能总是有差别的，如果要重用已有软件，就必须处理这个差别。类的继承和派生机制，为软件重用提供了一条可行的途径，它用派生类来描述这个差别。

通过继承，可以自动地为一个类提供来自另一个类的成员函数和数据成员。通过派生，可以允许一个类在继承另一个类的基础上，不仅可以对继承的成员函数和数据成员进行覆盖或改写，还可以增加成员函数和数据成员。只继承不派生是类的复制，即原来的类，只派生不继承是创建和原来类没有关系的新类。由此可见，继承与派生可实现软件模块的可重用性、独立性、缩短软件开发周期，提高软件开发的效率，同时使软件易于维护和修改。

5.2　类的继承和派生

5.2.1　派生类的定义

在 C++语言中，定义一个新的类 B 时，如果发现类 B 拥有某个已编写好的类 A 的全部特点，此外还有类 A 没有的特点，那么就不必从头重新编写类 B，而是可以把类 A 作为一个"基类"（也称"父类"），把类 B 作为基类 A 的一个"派生类"（也称"子类"）来编写。这样，就可以说从 A 类"派生"出了 B 类，也可以说 B 类"继承"了 A 类。

在 C++中，声明一个派生类的一般格式如下：

```
class 派生类名:派生方式 基类名
{
    //派生类成员说明
};
```

派生方式可以是 public、private 或 protected，一般都使用 public（公有派生）。当一个类通过公有派生方式从基类派生时，基类中的公有成员在派生类中也是公有的，但在派生类的成员函数中，不能访问基类中的私有成员。private（私有派生）或 protected（保护派生）的方式很少用到，三者之间的具体区别将在 5.4 节"派生类对基类成员的访问控制"中进行详细阐述。不指明派生方式关键字 public 时，编译器会默认派生方式为 private 或 protected。我们在接下来的例子中仅使用公有派生方式。

请看下面的例子。

```
//程序清单 5.2.1
#include <iostream>
#include <string>
using namespace std;

class Shape
{
    public:
        string toString()const
        {
```

```
            return "Shape Object";
        }

        void setColor(string c)
        {
            color=c;
        }

        string getColor()
        {
            return color;
        }

    private:
        string color;
};

class Circle: public Shape
{
    private:
        double radius;
    public:
        string toString()const
        {
            return "Circle Object";
        }

        void setRadius(double r)
        {
            radius=r;
        }

        double getRadius()const
        {
            return radius;
        }

        double getArea()const
        {
            return 3.14*radius*radius;
        }

        double getPerimeter()const
        {
            return 2*3.14*radius;
        }
};

class Rectangle: public Shape
{
    private:
```

```cpp
        double width;
        double height;
    public:
        string toString()const
        {
            return "Rectangle Object";
        }

        void setWidth(double w)
        {
            width=w;
        }

        double getWidth()const
        {
            return width;
        }

        void setHeight(double h)
        {
            height=h;
        }

        double getHeight()const
        {
            return height;
        }

        double getArea()const
        {
            return width*height;
        }

        double getPerimeter()const
        {
            return 2*(width+height);
        }
};

int main()
{
    Shape shape;
    shape.setColor("red");
    cout<<shape.toString()<<endl;
    cout<<"  color: "<<shape.getColor()<<endl<<endl;

    Circle circle;
    circle.setColor("black");
    circle.setRadius(5);
    cout<<circle.toString()<<endl;
    cout<<"  color: "<<circle.getColor()<<endl
```

```
                <<" radius: " <<circle.getRadius()<<endl
                <<" area: "<<circle.getArea()<<endl
                <<" perimeter: "<<circle.getPerimeter()<<endl
                << endl;

        Rectangle rectangle;
        rectangle.setColor("blue");
        rectangle.setHeight(3);
        rectangle.setWidth(4);
        cout<<rectangle.toString()<<endl;
        cout<<" color: "<<rectangle.getColor()<<endl
                <<" width: "<<rectangle.getWidth()<<endl
                <<" height: "<<rectangle.getHeight()<<endl
                <<" area: "<<rectangle.getArea()<<endl
                <<" perimeter: "<<rectangle.getPerimeter()<<endl;

        return 0;
}
```

程序运行结果：

```
Shape Object
  color: red

Circle Object
  color: black
  radius: 5
  area: 78.5
  perimeter: 31.4

Rectangle Object
  color: blue
  width: 4
  height: 3
  area: 12
  perimeter: 14
```

在程序清单 5.2.1 中，类 Shape 概括了所有形状的共同特点。类 Circle 从类 Shape 派生而来，所有类 Shape 的成员也都是类 Circle 的成员，因此在 main()函数中通过 circle 对象调用类 Shape 的成员函数是没有问题的，如下所示：

```
circle.setColor("black");
```

而且，在 Circle 类的成员函数内部也可以调用父类的函数。此外，在类 Circle 中还添加了新成员变量 radius，以及新的成员函数 setRadius(double)、getRadius()、getArea()和 getPerimeter()。

为了弄清楚基类对象和派生类对象的关系，图 5-1 和图 5-2 描述了 Shape 对象和 Circle 对象在内存中的布局。

Shape 对象在内存中占 4 byte

string color;

图 5-1　Shape 对象在内存中的布局

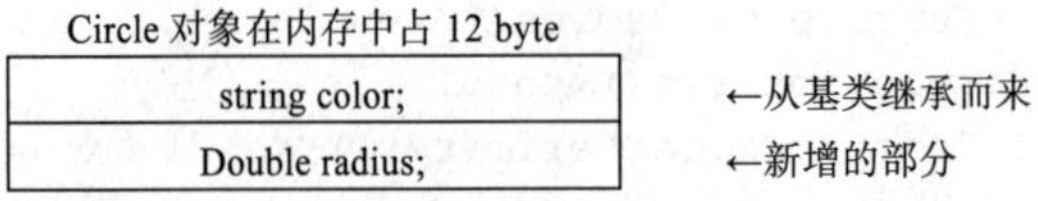

Circle 对象在内存中占 12 byte

string color;	←从基类继承而来
Double radius;	←新增的部分

图 5-2　Circle 对象在内存中的布局

从图 5-1 和图 5-2 中可以看出，派生类 Circle 对象中完全包括了基类对象，是在基类对象的基础上增加了一些特性。派生类 Circle 对象的体积，等于基类 Shape 对象的体积加上派生类 Circle 对象自己的成员变量的体积。在派生类 Circle 对象中，包含着基类 Shape 对象，而且基类 Shape 对象的存储位置位于派生类 Circle 对象新增的成员变量之前。

5.2.2　派生类的构成

基类的所有成员自动成为派生类的成员。派生类成员是指除了从基类继承来的所有成员之外，新增加的数据和函数成员。派生类是通过对基类进行扩充和修改得到的。所谓扩充，指的是在派生类中，可以添加新的成员变量和成员函数。所谓修改，指的是在派生类中可以重新编写从基类继承得到的成员。这些新增的成员，正是派生类不同于基类的关键所在，是派生类对基类的发展。当重用和扩充已有的代码时，就是通过在派生类中新增成员来添加新的属性和功能。可以说，这就是类在继承基础上的进化和发展。

在程序清单 5.2.1 中，Circle 类还重新编写了从基类继承的成员函数 toString()。在基类和派生类有同名成员的情况下，在派生类的成员函数中访问同名成员，或通过派生类对象访问同名成员，除非有特别指明，访问的就是派生类的成员，这种情况称为"覆盖"。也就是说，派生类的成员覆盖了基类的同名成员。这里的同名成员，可以是同名成员变量，也可以是同名成员函数。因此语句

```
cout<<circle.toString()<<endl;
```

调用的是 Circle 类的 toString()函数。

如果要访问基类的同名成员，那么需要在成员名前面加"基类名::"。例如，假设 c 是 Circle 类的对象，p 是 Circle 类的指针，那么以下语句就调用了基类 Shape 的成员函数：

```
cout<<c.Shape::toString()<<endl;
cout<<p->Shape::toString()<<endl;
```

派生类和基类有同名成员函数很常见，但一般不会在派生类中定义和基类同名的成员变量，因为这种做法容易让人很困惑。

在派生类的同名成员函数中，先调用基类的同名成员函数完成基类部分的功能，然后再执行自己的代码完成派生类部分的功能，这种做法非常常见（但并非必须）。请看下面的例子。

```
//程序清单 5.2.2
#include <iostream>
#include <string>
using namespace std;

class Student
{
    private:
        string name;
        char gender;
```

```
        int age;
        string ID;
        string school;

    public:
        void setInfo(string name, char gender, int age, string ID, string school);
        void showInfo()const;
};

void Student::setInfo(string name, char gender, int age, string ID, string school)
{
    this->name=name;
    this->gender=gender;
    this->age=age;
    this->ID=ID;
    this->school=school;
}

void Student::showInfo()const
{
    cout<<"Name: "<<name<<endl;
    cout<<"Gender: "<<gender<<endl;
    cout<<"Age: "<<age<<endl;
    cout<<"ID: "<<ID<<endl;
    cout<<"School: "<<school<<endl;
}

class CollegeStudent: public Student
{
    private:
        string major;

    public:
        void setInfo(string name, char gender, int age, string ID, string school,
                     string major);
        void showInfo()const;
};

void CollegeStudent::setInfo(string name, char gender, int age, string ID, string
                             school, string major)
{
    Student::setInfo(name, gender, age, ID, school);
    this->major=major;             // OK
}

void CollegeStudent::showInfo()const
{
    Student::printInfo();
    cout<<"Major: "<<major<<endl;    // OK
}
int main()
```

```
{
    CollegeStudent cs;
    cs.setInfo("HuaQianGu",'F',18,"201706050233", "Hunan University of Science
            and Engineering","Software Engineering");
    cs.showInfo();
    return 0;
}
```

程序运行结果:

```
Name: HuaQianGu
Gender: F
Age: 18
ID: 201706050233
School: Hunan University of Science and Engineering
Major: Software Engineering
```

在程序清单 5.2.2 中,main()函数中的下列两条语句都调用了基类的同名成员函数:

```
cs.setInfo("HuaQianGu", 'F', 18, "201706050233", "Hunan University of Science
            and Engineering","Software Engineering");
cs.printInfo();
```

在派生类 CollegeStudent 的 setInfo()成员函数中,先调用基类 Student 的 setInfo()成员函数来设置基类部分的数据成员,然后再设置派生类中新增的 major 数据成员。同理,在派生类 CollegeStudent 的 showInfo()成员函数中,也是先调用基类 Student 的 showInfo()成员函数来输出基类部分的数据成员,然后再输出派生类中新增的 major 数据成员。

在 Windows 面向对象的 MFC 编程、Android 系统应用程序开发等编程环境中,许多程序员编写的关键的类都是必须由编译器提供的类派生而来,在其中往往都必须编写和基类同名的一些成员函数。而且在派生类的这些成员函数中,一般都需要调用基类的同名成员函数来完成必要的功能。

5.3 派生类的构造函数和析构函数

5.3.1 调用基类的构造函数和析构函数

由于基类的构造函数和析构函数不能被继承,在派生类中,如果对派生类新增的成员进行初始化,就必须为派生类添加新的构造函数。但是,派生类的构造函数只负责对派生类新增的成员进行初始化,对所有从基类继承下来的成员,其初始化工作还是由基类的构造函数完成,可以通过派生类的初始化列表来调用基类的构造函数。同样,派生类对象的释放、清理工作也需要在派生类中加入新的析构函数。调用语法如下:

```
派生类名(形参表):基类名()
{
    //执行初始化
}
```

或者

```
派生类名(形参表):基类名(实参表)
```

```
{
    //执行初始化
}
```

在程序清单 5.2.1 和程序清单 5.2.2 中，所有的基类和派生类都没有定义构造函数。任何类都应有构造函数，如果在类的定义中没有显式给出构造函数，那么系统会自动产生一个没有参数的默认构造函数。但往往类的构造函数都是具有参数的，请看下面的例子。

```cpp
//程序清单 5.3.1
#include <iostream>
#include <string>
using namespace std;

class Shape
{
    public:
        Shape(string c):color(c)
        {
            cout<<"Shape Constructor"<<endl;
        }

        ~Shape()
        {
            cout<<"Shape Destructor"<<endl;
        }

        string toString()const
        {
            return "Shape Object";
        }

        void setColor(string c)
        {
            color=c;
        }

        string getColor()
        {
            return color;
        }

    private:
        string color;
};

class Circle: public Shape
{
    private:
        double radius;
    public:
    //Circle(){}    //若不注释掉则会编译出错
```

```cpp
        Circle(string color, double radius):Shape(color)
        {
            cout<<"Circle Constructor"<<endl;
            this->radius=radius;
        }

        ~Circle()
        {
            cout<<"Circle Destructor"<<endl;
        }
        string toString()const
        {
            return "Circle Object";
        }

        void setRadius(double r)
        {
            radius=r;
        }

        double getRadius()const
        {
            return radius;
        }

        double getArea()const
        {
            return 3.14*radius*radius;
        }

        double getPerimeter()const
        {
            return 2*3.14*radius;
        }
};

int main()
{
    Circle circle("black", 5);
    cout<<endl<<circle.toString()<<endl;
    cout<<"  color: "<<circle.getColor()<<endl
        <<"  radius: "<<circle.getRadius()<<endl
        <<"  area: "<<circle.getArea()<<endl
        <<"  perimeter: "<<circle.getPerimeter()<<endl
        <<endl;

    return 0;
}
```

程序运行结果：

```
Shape Constructor
```

```
Circle Constructor

Circle Object
  color: black
  radius: 5
  area: 78.5
  perimeter: 31.4

Circle Destructor
Shape Destructor
```

在 main()函数中声明了一个派生类对象 circle，这会引起派生类的构造函数运行。但是，从运行结果看，首先被调用的是基类的构造函数。这是为什么呢？

类似地，当 main()函数中声明的派生类对象 circle 销毁时，会引起派生类的析构函数运行。但是，从运行结果看，还调用了基类的析构函数。这又是为什么呢？

前面介绍了派生类的成员是由两部分构成的，一部分是从基类继承来的成员，还有一部分是派生类新增的成员。派生类自己的构造函数只能对自己新增的成员进行初始化，而对继承来的基类成员的初始化，派生类是无法完成的，只能通过调用基类的构造函数来完成。因此，派生类中的数据成员的初始化如图 5-3 所示。

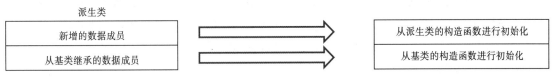

图 5-3　派生类中成员的初始化

具体来说，在创建派生类对象时，派生类的构造函数先被执行，在执行过程中，转而去调用基类的构造函数来对从基类继承的数据成员进行初始化，然后再返回派生类的构造函数对新增的数据成员进行初始化。因此，尽管从运行结果看，首先被调用的是基类的构造函数，但实际情况并非我们看到的那样简单。

类似地，在销毁派生类对象时，派生类的析构函数要完成两项工作，清理自己向系统申请的内存，同时还应清理继承来的基类对象占用的内存。派生类的析构函数调用其基类的析构函数比较简单，不需要在程序中做任何说明，由系统自动完成。但是，要注意基类和派生类的析构函数的执行顺序刚好同它们的构造函数的执行顺序相反。也就是说，会先执行派生类的析构函数，然后再调用基类的析构函数。事实上，这符合资源栈的操作，后进先出，后申请的资源先被释放。

需要注意的是，在程序清单 5.3.1 中，下列语句若不注释掉则程序会编译出错：

```
Circle(){}
```

这是因为，在这个派生类的无参构造函数中，没有交代当使用该构造函数对派生类对象进行初始化时，其包含的基类对象该如何初始化。默认情况下，就意味着其包含的基类对象应该用无参构造函数进行初始化。也就是说，上述语句等价于：

```
Circle():Shape(){}
```

可是，基类 Shape 中并没有定义无参构造函数。而且，由于基类 Shape 中已经定义了一个有参数的构造函数：

```
Shape(string c):color(c)
{
        cout<<"Shape Constructor"<<endl;
}
```

因此，编译器不会再为基类 Shape 自动生成无参数的默认构造函数。所以，编译会出错。

派生类中的构造函数总是显式或者隐式地调用基类中的构造函数。如果基类中的构造函数没有被显式调用，基类中的无参构造函数会被默认调用。如果考虑一个类可能被继承，最好为它设计一个无参的构造函数，以避免编程错误。

5.3.2 构造函数链和析构函数链

构造一个类的实例，会导致沿着继承链上的所有基类的构造函数都被依次调用。当构造一个派生类对象时，派生类的构造函数在执行自身任务之前会先调用其基类的构造函数。如果一个基类是从另外一个类派生的，这个基类的构造函数在执行自己功能之前会先调用其父类的构造函数。这个过程会一直持续，直到沿着继承层次的最后一个构造函数被调用，这被称为构造函数链（Constructor Chaining）。

相对地，析构函数则按照相反的顺序被自动调用。当一个派生类的对象被销毁时，派生类的析构函数被调用，在它结束任务时，它调用其基类的析构函数。这个过程一直持续，直到沿着继承层次的最后一个析构函数被调用，这就是析构函数链（Destructor Chaining）。

请看下面的例子。

```
//程序清单 5.3.2
#include <iostream>
using namespace std;

class Person
{
public:
  Person()
  {
    cout<<"Person's constructor is invoked."<<endl;
  }

  ~Person()
  {
    cout<<"Person's destructor is invoked."<<endl;
  }
};

class Employee: public Person
{
public:
  Employee()
  {
    cout<<"\tEmployee's constructor is invoked."<<endl;
  }
```

```
  ~Employee()
  {
    cout<<"\tEmployee's destructor is invoked."<<endl;
  }
};

class Faculty: public Employee
{
public:
  Faculty()
  {
    cout<<"\t\tFaculty's constructor is invoked."<<endl;
  }

  ~Faculty()
  {
    cout<<"\t\tFaculty's destructor is invoked."<<endl;
  }
};

class Staff: public Employee
{
public:
  Staff()
  {
    cout<<"\t\tStaff's constructor is invoked."<<endl;
  }

  ~Staff()
  {
    cout<<"\t\tStaff's destructor is invoked."<<endl;
  }
};

int main()
{
  Faculty faculty;
  Staff staff;

  return 0;
}
```

程序运行结果：

```
Person's constructor is invoked.
      Employee's constructor is invoked.
            Faculty's constructor is invoked.
Person's constructor is invoked.
      Employee's constructor is invoked.
            Staff's constructor is invoked.
            Staff's destructor is invoked.
```

```
            Employee's destructor is invoked.
Person's destructor is invoked.
                Faculty's destructor is invoked.
            Employee's destructor is invoked.
Person's destructor is invoked.
```

程序在主函数 main() 中创建了一个 Faculty 对象和一个 Staff 对象。由于 Faculty 类和 Staff 类派生自 Employee 类，Employee 类派生自 Person 类，因此 Faculty 类的构造函数在执行自身任务之前调用 Employee 类的构造函数，Employee 类的构造函数在执行自身任务之前调用 Person 的构造函数。

当程序退出时，Faculty 对象被销毁。因此，Faculty 类的析构函数被调用，接着为 Employee 类的析构函数，最后为 Person 类的析构函数。

5.4 派生类对基类成员的访问控制

因为继承和派生的发生，派生类中的成员可以分为两部分，一部分是从基类继承来的成员，还有一部分是派生类自己新增的成员，这时就产生了与访问控制有关的问题，事实上，在继承和派生发生时，派生类不是简单地把基类所有的成员变成自己的成员，然后随意地使用和访问。

在继承和派生发生时，派生类继承了基类的全部数据成员以及除了构造函数、析构函数之外的全部函数成员，但是这些从基类继承来的成员的访问属性是可控制的，其控制的方式就是派生类的派生方式。

一方面，基类对象可以使用自己的成员函数访问自己的数据成员，而派生类对象也可以使用自己添加的成员函数来访问自己添加的数据成员，这些都是毫无质疑的。对于与继承树无关的其他类或者函数来说，只能访问基类和派生类的公有成员，这也是显而易见的。

另一方面，基类的函数能不能访问派生类新增的成员呢？派生类的函数又能不能直接访问基类的成员呢？与继承树无关的其他类或者函数，能不能通过派生类对象间接地访问基类的成员呢？第一个问题的答案是否定的，基类的函数不能够访问派生类新增的成员。因为基类是事先定义好的，在定义基类的时候尚不能确定未来它的派生类的新增成员是什么，所以基类的函数当然是不能访问派生类的新增成员的。第二个问题和第三个问题的答案就要复杂一些，这不仅取决于基类成员的访问属性，而且还涉及派生类对基类的继承方式。

C++中类的派生方式有 3 种：公有（Public）派生、私有（Private）派生和保护（Protected）派生。不同的派生方式决定了基类成员在派生类中的访问权限，对于从基类中继承来的成员，这种访问来自两个方面：一是派生类中的新增函数成员访问它们；二是与继承树无关的其他类或者函数，通过派生类的对象访问它们。

5.4.1 公有派生

当类的派生方式为公有派生时，基类的公有成员和保护成员的访问属性在派生类中不变，而基类的私有成员不可直接访问，如表 5-1 所示。

表 5-1 公有派生时基类成员在派生类中的访问

公有派生时的基类成员	在派生类中的访问属性
基类公有成员	公有
基类保护成员	保护
基类私有成员	不可访问

也就是说，基类的公有成员和保护成员被继承到派生类中后访问属性保持不变，仍作为派生类的公有成员和保护成员，派生类的其他成员可以直接访问它们。继承树之外的类或函数，只能通过派生类的对象访问从基类继承的公有成员，而无论是派生类的成员还是派生类的对象都无法直接访问基类的私有成员。

请看下面的例子。

```cpp
//程序清单 5.4.1
#include <iostream>
#include <string>
using namespace std;

class Student
{
    protected:
        string name;
        char gender;
        int age;
        string ID;
        string school;

    public:
        void setInfo(string name, char gender, int age, string ID, string school);
        void printInfo()const;
};

void Student::setInfo(string name, char gender, int age, string ID, string school)
{
    this->name=name;
    this->gender=gender;
    this->age=age;
    this->ID=ID;
    this->school=school;
}

void Student::printInfo()const
{
    cout<<"Name: "<<name<<endl;
    cout<<"Gender: "<<gender<<endl;
    cout<<"Age: "<<age<<endl;
    cout<<"ID: "<<ID<<endl;
    cout<<"School: "<<school<<endl;
}
```

```cpp
class CollegeStudent : public Student
{
    private:
        string major;

    public:
        void setInfo(string name, char gender, int age, string ID, string school,
                    string major);
        void printInfo()const;
};

void CollegeStudent::setInfo(string name, char gender, int age, string ID, string
                            school, string major)
{
    this->name=name;                    //直接访问基类保护成员
    this->gender=gender;                //直接访问基类保护成员
    this->age=age;                      //直接访问基类保护成员
    this->ID=ID;                        //直接访问基类保护成员
    this->school=school;                //直接访问基类保护成员
    this->major=major;                  //直接访问基类保护成员
}

void CollegeStudent::printInfo()const
{
    cout<<"Name: "<<name<<endl;         //直接访问基类保护成员
    cout<<"Gender: "<<gender<<endl;     //直接访问基类保护成员
    cout<<"Age: "<<age<<endl;           //直接访问基类保护成员
    cout<<"ID: "<<ID<<endl;             //直接访问基类保护成员
    cout<<"School: "<<school<<endl;     //直接访问基类保护成员
    cout<<"Major: "<<major<<endl;       //直接访问基类保护成员
}

int main()
{
    CollegeStudent cs;                          //声明派生类对象
    cs.setInfo("HuaQianGu",'F',18,"201706050233","Hunan University of Science
and Engineering","Software Engineering");
    //使用派生类对象访问基类公有成员
    cs.Student::printInfo();
    return 0;
}
```

程序运行结果：

```
Name: HuaQianGu
Gender: F
Age: 18
ID: 201706050233
School: Hunan University of Science and Engineering
```

在这段代码中，首先定义了基类 Student，然后以公有派生的方式从基类 Student 派生出

CollegeStudent 类。派生类的成员函数 setInfo()和 printInfo()可以访问到基类的保护数据成员 name、gender、age、id 和 school。

我们把之前学习的友元（friend）看成是朋友，友元可以访问类的私有成员，就好比我们允许好友进入自己私人的场所。同理，我们也可以把保护成员比喻为家中的保险箱，派生类的成员函数可以访问基类的保护成员，就好比保险箱只有自己和后代才可以打开，家族以外的人均不能窃取。

所以，如果在主函数中 main()中有下面这样的语句：

```
CollegeStudent cs;
Cs.school="Hunan University of Science and engineering";
```

那么编译器会报错。因为 main()函数不属于 Student 类或 CollegeStudent 类，属于继承树以外的函数，所以在 main()函数中通过派生类的对象 cs 不能访问基类的保护成员 school。

如果将基类 Student 的保护数据成员 name、gender、age、id 和 school 的访问属性，由 protected 改为 private，那么编译器也会报错。这是因为，派生类不能访问基类的私有成员。有人问，既然是公有继承，为什么不让派生类访问基类的私有成员呢？其实，这是 C++作为面向对象程序设计语言的一大特征——封装性的体现。私有成员体现了数据的封装性，隐藏私有成员有利于测试、调试和修改系统。如果允许派生类也能访问基类的私有成员，那么基类和派生类就没有界限了，这就破坏了基类的封装性。因此，保护私有成员是一条重要的原则。

5.4.2　私有派生

当类的派生方式为私有派生时，基类中的公有成员和保护成员都以私有成员身份出现在派生类中，而基类的私有成员在派生类中不可直接访问，如表 5-2 所示。

表 5-2　私有派生时基类成员在派生类中的访问

私有派生时的基类成员	在派生类中的访问属性
基类公有成员	私有 private
基类保护成员	私有 private
基类私有成员	不可访问

也就是说，基类的公有成员和保护成员被继承到派生类中后访问属性都变成派生类私有，派生类的其他成员可以直接访问它们，派生类对其的访问方式就像在自己的类中声明的私有成员一样。私有派生后，基类的私有成员仍保持基类私有，只有基类自己的成员函数可以访问，派生类的成员函数无法访问。

请看下面的例子，在程序清单 5.4.2 中，除了将程序清单 5.4.1 中的派生方式改为私有，其他部分不做任何更改。

```
//程序清单 5.4.2
#include <iostream>
#include <string>
using namespace std;

class Student
{
```

```cpp
    protected:
        string name;
        char gender;
        int age;
        string ID;
        string school;

    public:
        void setInfo(string name, char gender, int age, string ID, string school);
        void printInfo()const;
};

void Student::setInfo(string name, char gender, int age, string ID, string school)
{
    this->name=name;
    this->gender=gender;
    this->age=age;
    this->ID=ID;
    this->school=school;
}


void Student::printInfo()const
{
    cout<<"Name: "<<name<<endl;
    cout<<"Gender: "<<gender<<endl;
    cout<<"Age: "<<age<<endl;
    cout<<"ID: "<<ID<<endl;
    cout<<"School: "<<school<<endl;
}


class CollegeStudent: private Student
{
    private:
        string major;

    public:
        void setInfo(string name, char gender, int age, string ID, string school,
                    string major);
        void printInfo()const;
};

void CollegeStudent::setInfo(string name, char gender, int age, string ID, string
                        school, string major)
{
    this->name=name;            //直接访问基类保护成员
    this->gender=gender;        //直接访问基类保护成员
    this->age=age;              //直接访问基类保护成员
    this->ID=ID;                //直接访问基类保护成员
    this->school=school;        //直接访问基类保护成员
    this->major=major;          //直接访问基类保护成员
}
```

```cpp
void CollegeStudent::printInfo()const
{
    cout<<"Name: "<<name<<endl;              //直接访问基类保护成员
    cout<<"Gender: "<<gender<<endl;          //直接访问基类保护成员
    cout<<"Age: "<<age<<endl;                //直接访问基类保护成员
    cout<<"ID: "<<ID<<endl;                  //直接访问基类保护成员
    cout<<"School: "<<school<<endl;          //直接访问基类保护成员
    cout<<"Major: "<<major<<endl;            //直接访问基类保护成员
}

int main()
{
    CollegeStudent cs;                       //声明派生类对象
    cs.setInfo("HuaQianGu",'F',18,"201706050233","Hunan University of Science
and Engineering","Software Engineering");
                                             // 使用派生类对象访问基类公有成员
    //cs.Student::printInfo();               //编译出错
cs.printInfo();
    return 0;
}
```

程序运行结果:

```
Name: HuaQianGu
Gender: F
Age: 18
ID: 201706050233
School: Hunan University of Science and Engineering
Major: Software Engineering
```

在这段代码中,首先定义了基类 Student,然后以私有派生的方式从基类 Student 派生出 CollegeStudent 类。与公有派生一样,派生类的成员函数 setInfo()和 printInfo()可以访问到基类的保护数据成员 name、gender、age、id 和 school。这是因为派生类从基类继承来的保护成员,在私有派生下,已成为派生类的私有成员。派生类当然可以像访问自己的私有成员一样,访问这些从基类继承下来的保护成员。在 main()函数中,通过派生类的对象 cs,来访问基类的公有成员函数 setInfo(),是不允许的。在私有派生下,通过派生类的对象,不能访问基类的任何成员,如下所示:

```cpp
//cs.Student::printInfo();                   //编译出错
```

这是因为,在 main()函数中,仅能使用派生类对象访问派生类的公有函数,如下所示:

```cpp
cs.printInfo();
```

经过私有派生之后,所有基类的成员都成为了派生类的私有成员或不可直接访问的成员,如果进一步派生,基类的全部成员就会在新的派生类中成为不可直接访问的成员。因此,私有派生之后,基类的成员再也无法在以后的派生类中直接发挥作用。换句话说,私有派生相当于终止了基类的继续派生。因此,一般情况下,很少使用私有派生。

5.4.3 保护派生

保护派生中,基类的公有成员和保护成员都以保护成员的身份出现在派生类中,而基类的私有成员不可直接访问，如表 5-3 所示。

表 5-3　保护派生时基类成员在派生类中的访问

保护派生时的基类成员	在派生类中的访问属性
基类公有成员	保护 protected
基类保护成员	保护 protected
基类私有成员	不可访问

也就是说，基类的公有成员和保护成员被继承到派生类中后访问属性都变成派生类保护，派生类的其他成员可以直接访问它们，但在类的外部通过派生类的对象无法直接访问它们。保护派生后，基类的私有成员仍保持基类私有，只有基类自己的成员函数可以访问，派生类的成员函数无法访问。

请看下面的例子，在程序清单 5.4.3 中，除了将程序清单 5.4.2 中的派生方式改为保护，其他部分不做任何更改。

```cpp
//程序清单5.4.3
#include <iostream>
#include <string>
using namespace std;

class Student
{
    protected:
        string name;
        char gender;
        int age;
        string ID;
        string school;

    public:
        void setInfo(string name, char gender, int age, string ID, string school);
        void printInfo()const;
};

void Student::setInfo(string name, char gender, int age, string ID, string school)
{
    this->name=name;
    this->gender=gender;
    this->age=age;
    this->ID=ID;
    this->school=school;
}

void Student::printInfo()const
{
    cout<<"Name: "<<name<<endl;
    cout<<"Gender: "<<gender<<endl;
    cout<<"Age: "<<age<<endl;
```

```
    cout<<"ID: "<<ID<<endl;
    cout<<"School: "<<school<<endl;
}

class CollegeStudent: protected Student
{
    private:
        string major;

    public:
        void setInfo(string name, char gender, int age, string ID, string school,
                    string major);
        void printInfo()const;
};

void CollegeStudent::setInfo(string name, char gender, int age, string ID, string
                        school, string major)
{
    this->name=name;                        //直接访问基类保护成员
    this->gender=gender;                    //直接访问基类保护成员
    this->age=age;                          //直接访问基类保护成员
    this->ID=ID;                            //直接访问基类保护成员
    this->school=school;                    //直接访问基类保护成员
    this->major=major;                      //直接访问基类保护成员
}

void CollegeStudent::printInfo()const
{
    cout<<"Name: "<<name<<endl;             //直接访问基类保护成员
    cout<<"Gender: "<<gender<<endl;         //直接访问基类保护成员
    cout<<"Age: "<<age<<endl;               //直接访问基类保护成员
    cout<<"ID: "<<ID<<endl;                 //直接访问基类保护成员
    cout<<"School: "<<school<<endl;         //直接访问基类保护成员
    cout<<"Major: "<<major<<endl;           //直接访问基类保护成员
}

int main()
{
    CollegeStudent cs;                      //声明派生类对象
    cs.setInfo("HuaQianGu",'F',18,"201706050233","Hunan University of Science
            and Engineering","Software Engineering");
    // 使用派生类对象访问基类公有成员
    //cs.Student::printInfo();              //编译出错
    cs.printInfo();
    return 0;
}
```

程序运行结果:

```
Name: HuaQianGu
Gender: F
Age: 18
```

ID: 201706050233
School: Hunan University of Science and Engineering
Major: Software Engineering

我们可以看到，与程序清单 5.5.2 相比，程序清单 5.5.3 的输出没有发生任何变化。更重要的是，main()函数中的下列语句：

```
cs.Student::printInfo();
```

会使程序清单 5.5.2 编译出错，它也同样会使程序清单 5.5.3 出错。也就是说，保护派生对于成员访问的影响，对直接派生类来说与私有派生是一样的。事实上，它们的不同主要体现在间接派生类。

请看下面的例子。

```cpp
//程序清单 5.5.4
#include <iostream>
#include <string>
using namespace std;

class Student
{
    protected:
        string name;
        char gender;
        int age;
        string ID;
        string school;

    public:
        void setInfo(string name, char gender, int age, string ID, string school);
                void printInfo()const;
};

void Student::setInfo(string name, char gender, int age, string ID, string school)
{
    this->name=name;
    this->gender=gender;
    this->age=age;
    this->ID=ID;
    this->school=school;
}

void Student::printInfo()const
{
    cout<<"Name: "<<name<<endl;
    cout<<"Gender: "<<gender<<endl;
    cout<<"Age: "<<age<<endl;
    cout<<"ID: "<<ID<<endl;
    cout<<"School: "<<school<<endl;
}

class CollegeStudent: protected Student //保护继承
```

```
{
    protected:
        string major;

    public:
        void setInfo(string name, char gender, int age, string ID, string school,
                    string major);
        void printInfo()const;
};

void CollegeStudent::setInfo(string name, char gender, int age, string ID, string
                            school, string major)
{
    this->name=name;                        //直接访问基类保护成员
    this->gender=gender;                    //直接访问基类保护成员
    this->age=age;                          //直接访问基类保护成员
    this->ID=ID;                            //直接访问基类保护成员
    this->school=school;                    //直接访问基类保护成员
    this->major=major;                      //直接访问基类保护成员
}

void CollegeStudent::printInfo()const
{
    cout<<"Name: "<<name<<endl;             //直接访问基类保护成员
    cout<<"Gender: "<<gender<<endl;         //直接访问基类保护成员
    cout<<"Age: "<<age<<endl;               //直接访问基类保护成员
    cout<<"ID: "<<ID<<endl;                 //直接访问基类保护成员
    cout<<"School: "<<school<<endl;         //直接访问基类保护成员
    cout<<"Major: "<<major<<endl;           //直接访问基类保护成员
}

class Graduate: protected CollegeStudent
{
    private:
        string supervisor;

    public:
        void setInfo(string name, char gender, int age, string ID, string school,
                    string major,string supervisor);
        void printInfo()const;
};

void Graduate::setInfo(string name, char gender, int age, string ID, string school,
                      string major, string supervisor)
{
    this->name=name;                        //访问间接基类保护成员
    this->gender=gender;                    //访问间接基类保护成员
    this->age=age;                          //访问间接基类保护成员
    this->ID=ID;                            //访问间接基类保护成员
    this->school=school;                    //访问间接基类保护成员
    this->major=major;                      //访问间接基类保护成员
```

```
        this->supervisor=supervisor;                    //访问直接基类保护成员
    }

    void Graduate::printInfo()const
    {
        cout<<"Name: "<<name<<endl;                      //直接访问基类保护成员
        cout<<"Gender: "<<gender<<endl;                  //直接访问基类保护成员
        cout<<"Age: "<<age<<endl;                        //直接访问基类保护成员
        cout<<"ID: "<<ID<<endl;                          //直接访问基类保护成员
        cout<<"School: "<<school<<endl;                  //直接访问基类保护成员
        cout<<"Major: "<<major<<endl;                    //直接访问基类保护成员
        cout<<"Supervisor: "<<supervisor<<endl;          //直接访问基类保护成员
    }
    int main()
    {
        Graduate g;                                      //声明派生类对象
        g.setInfo("HuaQianGu", 'F', 18, "201706050233", "Hunan University of Science
                and Engineering","Software Engineering", "John");
        // 使用派生类对象访问间接基类公有成员
        //g.Student::printInfo();                        //编译出错
        // 使用派生类对象访问直接基类公有成员
        //g.College::Student::printInfo();               //编译出错
        g.printInfo();
        return 0;
    }
```

程序运行结果：

```
Name: HuaQianGu
Gender: F
Age: 18
ID: 201706050233
School: Hunan University of Science and Engineering
Major: Software Engineering
Supervisor: John
```

在程序清单 5.5.4 中，出现了两级派生关系，首先从 Student 类派生出 CollegeStudent 类，然后又从 CollegeStudent 类中派生出 Graduate 类。并且，在 Graduate 类中新增了数据成员 supervisor，用于表示研究生的导师信息。

在 Graduate 类中，不仅可以访问其直接基类 CollegeStudent 的保护成员 major，还可以访问其间接基类 Student 的保护成员 name 等。但是，不能在 main() 函数中，通过派生类的对象 g，来访问从直接基类和间接基类继承的公有成员。下面的语句：

```
    g.Student::printInfo();             //使用派生类对象访问直接基类公有成员
    g.College::Student::printInfo();    //使用派生类对象访问间接基类公有成员
```

会导致编译错误。这是因为，尽管 printInfo() 函数在第一层基类 Student 中被声明为 public，但是两级派生的方式均为保护派生，因此包括 printInfo() 函数在内的所有被保护继承的公有成员和保护成员，在派生类中的访问权限均变成保护的。显然，保护成员只能在当前类及其派生类中访问。而 main() 函数既不属于当前类，也不属于派生类，而是属于继承树之外的函数，因此通过派生类的对象无法访问从直接基类 Student 和间接基类 CollegeStudent 继承的 printInfo() 函数。

如果把两级派生都改为公有派生（public），那么在 main()函数中，通过派生类对象 g 来访问 Student::printInfo()和 CollegeStudent::printInfo()都是正确的。这是因为，公有派生不会改变从基类继承来的公有成员的访问属性。printInfo()函数在第一层的间接基类 Student 中为 public，在公有派生出的第二层的直接基类 CollegeStudent 中仍为 public，所以在第三层的派生类 Graduate 中依然是 public。因此，可以在 main()函数中，通过第三层的派生类 Graduate 的对象 g 来访问 Student::printInfo()和 CollegeStudent::printInfo()。

如果把两级派生都改为私有派生（private），那么在第三层的派生类 Graduate 编译时会出现错误。这是因为，私有派生会改变从基类继承来的成员的访问属性。经过第一次私有派生，从第一层的间接基类 Student 继承来的保护成员，例如，name、gender、age、id 和 school 等基类 Student 的数据成员，在第二层的直接基类 CollegeStudent 中，都成为 private 私有成员。这样，经过第二次私有派生，在第三层的派生类 Graduate 中，都成为不可访问的成员。

现在，让我们来比较一下上述三种派生方式。私有派生和保护派生都改变了基类成员被继承后的访问属性，但对于其直接子类来说，这两种派生方式实际上是相同的，表现为继承来的成员绝不能被外部使用者访问，而在派生类中可以通过成员函数直接来访问。但是如果继续派生，在下一级派生类中，不同的派生方式就产生差别了。私有派生使得最上层基类成员不能再被传承，而保护派生恰恰保证了最上层基类的成员依然能被继承树中的次级子类所继承。私有派生和保护派生在使用时要非常小心，很容易搞错。因此，私有派生和保护派生一般不常用，使用最多的还是公有继承。

5.5　派生类和基类的兼容规则

派生类和基类的兼容规则，是指在任何需要基类对象的地方，都可以使用派生类的对象来代替，前提是采用公有派生。这是因为，在三种派生方式中，只有公有派生使得派生出的派生类完整地保留了基类的特征。基类的公有成员和保护成员的访问属性在公有派生得到的派生类中得以保留。因此，通过公有派生得到的派生类是其基类的真正子类，实际就具备了基类的所有功能，凡是基类能解决的问题，通过公有派生得到的派生类都能解决。

在派生类和基类的兼容规则中，所说的替代主要包括以下三种情况：

（1）派生类的对象可以赋值给基类对象。

假设有如下对象定义：

```
Circle circle;
Shape shape;
```

那么赋值语句：

```
shape=circle;
```

是合法的。这种赋值将派生类对象中属于基类的部分赋给了指定的基类对象，而只属于派生类对象的部分被舍弃了，也就是"大材小用"。实际上，所谓赋值只是对数据成员赋值，对成员函数不存在赋值问题。

请注意：赋值后不能试图通过基类对象 shape 去访问派生类对象 circle 的成员，因为 circle 的成员与 shape 的成员是不同的。假设派生类 Circle 中的数据成员 radius 的访问属性为 public，请分析下面的语句：

```
shape.radius=5;       //错误，对象 shape 中不包含派生类中增加的成员 radius
circle.radius=3;      //正确，对象 circle 中包含派生类中增加的成员 radius
```

还需要注意的是：只能用派生类对象对其基类对象赋值，而不能用基类对象对其派生类对象赋值。如果将两个对象 shape 和 circle 的位置互换，那么赋值就是非法的，请看下面的语句：

```
circle=shape;         //错误
```

这是因为，基类对象不包含派生类的成员，无法对派生类的成员赋值，这样做显然会产生一个不完整的派生类对象。与此类似，同一基类的不同派生类对象之间也不能赋值。

（2）派生类的对象可以初始化基类的引用。

假设有如下定义：

```
Circle circle;
Shape& shapeRef=circle;
```

此时，引用 shapeRef 的初始化是合法的。要注意的是，此时 shapeRef 并不是 circle 对象的别名，shapeRef 和 circle 也并不共享同一段内存单元。它只是派生类对象 circle 中基类部分的别名，shapeRef 和 circle 中的基类部分共享同一段内存单元，shapeRef 和 circle 具有相同的内存起始地址。

派生类对象赋值给基类的引用，不会引起派生类对象到基类对象的转换，可以从类型的角度来理解这种引用绑定：派生类对象的名字 circle 标识了一段内存，通过这个名字来观察这段内存，显然那是属于一个派生类对象的。而通过 shapeRef 来观察 circle 的内存，那么这段内存就被重新解释为一个基类对象占据的内存，而多出的只属于派生类的内存对 shapeRef 来说是完全看不见的。换句话说，就是虽然 circle 对象有了一个别名，但使用两个名字却会有不同的结果：circle 得到一个派生类对象，而 shapeRef 得到基类对象。因此，从这个角度去看，基类引用 shapeRef 实际上是派生类对象 circle 中包含的基类对象的别名，如图 5-4 所示。

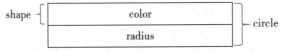

图 5-4　派生类对象赋值给基类的引用分析图

那么反过来，派生类的引用是否可以指向一个基类的对象呢？

假设有如下定义：

```
Shape shape;
Circle& circleRef=shape;
```

此时，引用 circleRef 的初始化是非法的。这是因为，circleRef 的类型是派生类的引用，表面上看它应该引用一个派生类对象，但实际它却引用了一个基类对象。然而，派生类对象占据的内存往往比基类对象要大。显然，从 circleRef 的角度来看，多出来的内存实际上是不属于基类对象 shape 的。因此，对 circleRef 的使用就存在着严重的安全隐患。所以，这种引用赋值是非法的。如果一定要这么做，那么最好使用安全类型转换运算符 dynamic_cast。

（3）派生类的指针可以赋值给基类的指针。

假设有如下定义：

```
Circle circle;
Shape *pShape=&circle;
```

与引用的情况类似，以上对基类指针 pShape 的初始化是合法的。此时，基类指针 pShape 只看到了派生类对象中包含的基类部分，其余部分被它忽略了。

与引用的情况类似，将基类指针直接赋值给派生类指针是非法的。假设有如下定义：

```
Shape shape;
Circle *pCircle=&shape; //error
```

如果一定要这么做，那么也可以使用类型强制转换运算符 dynamic_cast。

总之，派生类对象可以直接赋值给其基类对象或基类引用，派生类对象的指针可以直接赋值给其基类指针，这种现象称为 up-casting，不必使用任何的强制类型转换。这是一种非常重要的机制，面向对象技术的核心概念"多态"就依赖于这个机制。反之，称为 down-casting，是有条件的，并且应当使用 dynamic_cast 运算符完成转换，以保证类型的安全。

请看下面的例子。

```cpp
//程序清单 5.5.1
#include <iostream>
#include <string>
using namespace std;

class Student
{
    private:
        string name;
        char gender;
        int age;
        string ID;
        string school;

    public:
        void setInfo(string name, char gender, int age, string ID, string school);
        void printInfo()const;
};

void Student::setInfo(string name, char gender, int age, string ID, string school)
{
    this->name=name;
    this->gender=gender;
    this->age=age;
    this->ID=ID;
    this->school=school;
}

void Student::printInfo()const
{
    cout<<"Name: "<<name<<endl;
    cout<<"Gender: "<<gender<<endl;
    cout<<"Age: "<<age<<endl;
    cout<<"ID: "<<ID<<endl;
    cout<<"School: "<<school<<endl;
}
```

```
class CollegeStudent: public Student
{
    private:
        string major;

    public:
        void setInfo(string name, char gender, int age, string ID, string school,
                string major);
        void printInfo()const;
};

void CollegeStudent::setInfo(string name, char gender, int age, string ID, string
                        school, string major)
{
    Student::setInfo(name, gender, age, ID, school);
    this->major=major;                              //直接访问基类保护成员
}


void CollegeStudent::printInfo()const
{
    Student::printInfo();
    cout<<"Major: "<<major<<endl;                   //直接访问基类保护成员
}

class Graduate: public CollegeStudent
{
    private:
        string supervisor;

    public:
        void setInfo(string name, char gender, int age, string ID, string school,
                string major,string supervisor);
        void printInfo()const;
};

void Graduate::setInfo(string name, char gender, int age, string ID, string school,
                    string major, string supervisor)
{
    CollegeStudent::setInfo(name, gender, age, ID, school, major);
    this->supervisor=supervisor;                    //访问直接基类保护成员
}

void Graduate::printInfo()const
{
    CollegeStudent::printInfo();
    cout<<"Supervisor: "<<supervisor<<endl;         //直接访问基类保护成员
}

int main()
{
```

```
    Student s;
    s.setInfo("BaiZiHua", 'M', 22,"201606050108", "Hunan University of Science
            and Engineering");
    Student *ps=&s;
    ps->printInfo();
    cout<<endl;

    CollegeStudent cs;//声明派生类对象
    cs.setInfo("ShaQianMo",'M',19,"201706050233","Hunan University of Science
            and Engineering","Software Engineering");
    ps=&cs;
    ps->printInfo();
    cout<<endl;

    Graduate gs;
    gs.setInfo("HuaQianGu", 'F', 18, "201706050233", "Hunan University of
            Science and Engineering","Software Engineering", "BaiZiHua");
    ps=&gs;
    ps->printInfo();
    cout<<endl;

    return 0;
}
```

程序运行结果：

```
Name: BaiZiHua
Gender: M
Age: 22
ID: 201606050108
School: Hunan University of Science and Engineering

Name: ShaQianMo
Gender: M
Age: 19
ID: 201706050233
School: Hunan University of Science and Engineering

Name: HuaQianGu
Gender: F
Age: 18
ID: 201706050233
School: Hunan University of Science and Engineering
```

从程序运行的输出来看，main()函数中的 3 条下列语句：

```
ps->printInfo();
```

均调用的是基类 Student 中的 printInfo()函数。这是为什么呢？这是因为，指针 ps 是指向基类 Student 对象的指针变量，即使让它指向了派生类 CollegeStudent 和 Graduate 的对象 cs 和 gs，但实际上 ps 指向的是 cs 和 gs 中从基类 Student 中继承的部分。所以，该语句调用的不是派生类 CollegeStudent 和 Graduate 中重新定义的 printInfo()函数，而是基类的 printInfo()函数，所以只输出 cs 和 gs 的 name、gender、age、ID 和 school 这 5 个数据成员的值。

通过这个例子,可以看到,根据基类和派生类的兼容规则,可以用指向基类对象的指针去指向派生类对象。但是,通过指向基类对象的指针,只能访问派生类中的基类成员,而不能访问派生类增加的成员。也就是说,可以在基类对象出现的场合使用派生类对象进行替代,但是替代之后派生类仅仅发挥出基类的作用。在第 6 章将要学习的"多态",将可以保证在派生类和基类兼容的前提下,使得基类和派生类分别以不同的方式来响应相同的消息。

5.6 多 继 承

5.6.1 多继承的声明

在单继承中,派生类只有一个基类,而在多继承中,派生类可以有多个基类。本节前面提到的继承,都是指单继承。用专业术语来说,单继承构造的层次结构是树,而多继承构造的层次结构是图。

多继承的语法格式如下:

```
class 派生类名:派生方式1 基类名1,派生方式2 基类名2,…
{
    //派生类成员说明
};
```

多继承中,派生类从其所有的基类继承了数据成员和成员函数,但继承和访问的规则并未因此而发生改变,还是与单继承相同。

有时候很自然地会需要多继承。例如,大学中的人除了老师和学生这两类,还有助教。助教一般是由高年级的本科生或者研究生来兼任的,平时他们与其他学生一样上课,在课余时间他们也承担了为学生批改作业、解答疑难等辅助性工作。也就是说,助教这一群体兼具了老师与学生两类人的特征。从类设计的角度,很自然的想法就是把助教类(Assistant)设计为多继承,同时继承老师类和学生类。这样,助教类既是学生类的派生类,也是教师类的派生类。

又如,公司中的员工可以分为技术人员、管理人员和销售人员这三类。但是,技术总监显然既是技术人员,又是管理人员。同理,销售总监既是销售人员,也是管理人员。他们之间的关系如图 5-5 所示。因此,要实现技术总监类,一个很自然的想法就是利用 C++支持的多继承机制让它同时继承技术人员类和管理人员类。这样,技术总监类既是技术人员类的派生类,也是管理人员类的派生类。

图 5-5 多继承关系

请看下面的程序。

```cpp
//程序清单 5.6.1
#include <iostream>
#include <string>
using namespace std;

class Employee
```

```cpp
{
protected:
    string name;
    string company;

public:
    Employee()
    {
        cout<<"Employee's constructor is invoked."<<endl;
    }

    void setInfo(string& n, string& c)
    {
        name=n;
        company=c;
    }

    void showInfo()
    {
        cout<<"\tName: "<<name<<endl;
        cout<<"\tCompany: "<<company<<endl;
    }

    ~Employee()
    {
        cout<<"Employee's destructor is invoked."<<endl;
    }
};

class Technician: public Employee
{
  protected:
    string profession;    //行业
};

class Manager: public Employee
{
  protected:
    string department;    //部门
};

class TechnicalDirector: public Technician, public Manager
{
  public:
    void setInfo(string n, string c, string p, string d)
    {
        Technician::setInfo(n, c);
        profession=p;
        department=d;
    }
```

```
        void showInfo()
        {
            Technician::showInfo();
            cout<<"\tProfession: "<<profession<<endl;
            cout<<"\tDepartment: "<<department<<endl;
        }
    };

    int main()
    {
        TechnicalDirector td;
        td.setInfo("Tom", "HUSE", "Computer", "Software Development");
        td.showInfo();
        return 0;
    }
```

程序运行结果：

```
Employee's constructor is invoked.
Employee's constructor is invoked.
        Name: Tom
        Company: HUSE
        Profession: Computer
        Department: Software Development
Employee's destructor is invoked.
Employee's destructor is invoked.
```

根据派生类对象中包含基类对象的原则，一个 TechnicalDirector 类的对象 td 中会包含两份 Employee 类的对象，一份从 Technician 继承得到，另一份从 Manager 继承得到。在创建对象 td 的时候，两份 Employee 对象都需要调用 Employee 类的构造函数进行初始化。因此，程序输出了两行"Employee's constructor is invoked."同理，在销毁对象 td 的时候，这两份 Employee 对象都需要调用 Employee 类的析构函数进行释放。因此，程序输出了两行"Employee's destructor is invoked."

在 TechnicalDirector 类的成员函数 setInfo()中，如果仅仅写：

```
    setInfo(n, c);
```

或：

```
    Employee::setInfo(n, c);
```

那么，将会导致二义性问题，编译器将会报错。这是因为上述两种写法都没有交代这个 setInfo()到底是作用在从 Manager 继承的 Employee 对象上，还是作用在从 Technician 继承的 Employee 对象上。但是，一旦加上"Technician::"就指明了这一点。同理，在 TechnicalDirector 类的成员函数 showInfo()中，在调用基类的 showInfo()时，也需要指明调用的 showInfo()到底是作用在哪个 Employee 对象上。

Employee 类中有姓名、公司名等成员变量，这样在 TechnicalDirector 对象中，就会有两份姓名、两份公司名等。到底应该使用哪一份呢？这就是二义性问题。实际上，随便使用哪一份都是可以的，只要在整个程序中都一致就行。由于程序中 showInfo()所作用的 Employee 对象和 setInfo()所作用的 Employee 对象是一致的，都是从 Technician 继承得到的那个 Employee 对象，所以输出的结果和设置的数据相同。可是，在复杂的程序中，要让一起协作的多个程序员都搞清楚并记住用到底是哪一份，是一件非常麻烦的事情。如果要维持这种一致性，无疑是个不小的负担。

5.6.2　虚基类的使用

用多继承机制解决所提出的问题显然非常自然和方便。C++是一种支持多继承机制的面向对象语言。多继承增强了语言的表达能力，能够自然、方便地描述问题领域中存在于对象类之间的多继承关系。但是，多继承也会带来一系列问题，例如：多继承使得语言特征复杂化、加大编译程序的难度以及使得消息绑定复杂化等，从而给正确使用多继承带来困难。因此，有些面向对象语言（Java 等）放弃了多继承机制，而采用其他方法来解决多继承问题。

5.7　类与类之间的关系

5.7.1　类的继承、组合与使用

C++中可以使用"类"来封装一组对象共有的属性和函数，对象是类的实例。C++程序是由类组成的，"类"是 C++程序的基本模块单位。类和类之间不是彼此孤立的，就像现实世界中的万事万物一样，相互之间存在各种各样的联系。

在 C++中，类和类之间有三种基本的关系：继承关系、组合关系和使用关系。

继承关系反映的是"是一个(is-a)"的关系，即派生类对象也是一个基类对象。例如，在程序清单 5.2.2 中，CollegeStudent 类派生自 Student 类。因为 CollegeStudent 也是 Student，所以说每一个 CollegeStudent 类的对象也"是一个"Student 类的对象。CollegeStudent 类与 Student 类之间是特殊与一般的关系。之前介绍的"任何需要基类对象的地方，都可以使用派生类的对象来替代"，正是反映了这一关系。又如，汽车与交通工具之间的关系。汽车是一种交通工具，它具有交通工具应该具有的所有特征，并且也具有一些自己的特性。因此，汽车与交通工具之间的关系可以用"是一个(is-a)"来进行描述。

组合关系反映的是"有一个(has-a)"的关系，即一个类以另一个类的对象作为成员变量。例如，在程序清单 5.2.2 中，Student 类有一个 string 类型的数据成员 name。也就是说，每个 Student 对象都"有一个"string 类的对象 name 作为成员变量。此时，Student 类与 string 类之间是整体与部分的关系。又如，汽车与它的各个组成部分之间的关系。一般一辆汽车应具有一个发动机、4 个车轮等部件。因此，汽车与这些部件之间的关系可以用"有一个(has-a)"来描述。

使用关系反映的是"用一个(uses-a)"的关系，一个类的成员函数以另一个类的对象作为形参。例如，一个人去买车，人与车之间存在某种关系，这种关系显然不是继承关系；而人在买车时并不拥有车，车也不是人的一部分，所以也不是组合关系；但是，人买车时需要了解车的性能，可能还要进行试驾。因此，人与车之间的关系用"用一个(uses-a)"的关系来描述更为恰当。

下面的程序模拟了交通工具、汽车、发动机、车轮、人等类之间的相互关系。

```
//程序清单 5.7.3
#include <iostream>
```

```cpp
using namespace std;

class Transport
{
public:
    void run()
    {
    }
private:
    double speed;
    double price;
    int limit;
};

class Engine
{
public:
    void operate()
    {
        cout<<"Engine operates."<<endl;
    }
};

class Wheel
{
public:
    void roll()
    {
        cout<<"Wheel roll."<<endl;
    }
};

class Car:public Transport
{
public:
    void run()
    {
        engine.operate();
        for(int i=0; i<4; i++)
            wheels[i].roll();
    }
private:
    Engine engine;
    Wheel wheels[4];
};

class Human
{
public:
    void buy(Car& car)
    {
```

```
        car.run();
    }
    Human(string n):name(n)
    {
    }
private:
    string name;
};

int main()
{
    Human human("BaiZihua");
    Car car;
    human.buy(car);
    return 0;
}
```

程序运行结果：

```
Engine operates.
Wheel roll.
Wheel roll.
Wheel roll.
Wheel roll.
```

在程序清单 5.7.1 中，Car 类与 Transport 类之间是继承关系，Car 就是一种 Transport，所以在 Car 类中可以使用（含重定义）从 Transport 类继承的成员函数 run()，如下所示：

```
car.run();
```

Car 类与 Engine 类、Wheel 类之间是组合关系，Car 类可以通过拥有的 Engine 类对象和 Wheel 类对象来访问这些对象的成员，如下所示：

```
engine.operate();
    for(int i=0; i<4; i++)
        wheels[i].roll();
```

类 Human 与类 Car 之间的关系是使用关系。使用关系可以通过让一个类的对象成为另一个类的成员函数的形式参数或局部变量来实现。Car 类的对象 car 是 Human 类的成员函数 buy() 的参数，在 buy() 函数中可以通过形式参数访问 Car 的成员函数 run()，如下所示：

```
void buy(Car& car)
    {
        car.run();
    }
```

但是，在 Human 类以外，Car 类的对象作为 Human 类的成员函数 buy() 的实际参数与 Human 类产生关系，如下所示：

```
human.buy(car);
```

5.7.2 继承、组合和使用的选择

在设计两个相互关联的类时，要注意，并非两个类有共同点，就可以让它们成为继承关系。让类 B 继承类 A，必须满足"B 所代表的事物也是 A 所代表的事物"这个条件。

例如，首先编写了一个代表平面上的点的类 Point：

```
class Point
{
  private:
    double x, y;        // 点的坐标
};
```

现在，又要编写一个代表圆的类 Circle。Circle 有圆心和半径这 2 个属性，其中圆心也是平面上的一点，因而 Circle 类和 Point 类似乎有相同的成员变量。如果因此就让 Circle 类从 Point 类派生而来，如下所示：

```
class Circle:public Point
{
  private:
    double radius;      //圆的半径
};
```

这种写法是不符合常理的。因为，圆并不总是一个点。因此 Circle 类与 Point 类之间并不总是满足"是一个(is-a)"的关系。事实上，从逻辑上来说，每一个"圆"对象中都包含（有）一个"点"对象。因此，Circle 类于 Point 类之间的关系是整体与部分的关系。所以，更好的做法是使用"有一个(has-a)"的关系。即：在 Circle 类中引入 Point 类型的成员变量来代表圆心，如下所示：

```
class Circle
{
  private:
    point center;       //圆的圆心
    double radius;      //圆的半径
};
```

继承、组合和使用是面向对象程序设计中经常要用到的 3 种类与类之间的关系。其中，继承关系是类与类之间最紧密的关系，而使用关系则是相对比较松散的关系。在实际的面向对象程序设计中，究竟应该使用哪一种关系，要看具体的实际情况而定，根据实际需要灵活使用上述 3 种关系。

习　题

1. 当派生类的构造函数被调用时，基类的无参构造函数总是被调用。这句话是正确的吗？
2. 编译下列程序会出现什么错误？

```
#include <iostream>
using namespace std;
class Base
{
    public:
    Base(char c)
    {
    }
};
class Derived : public Base
```

```
{
};
int main()
{
    Derived d;
    return 0;
}
```

3. 在 C++ 中，一个类能否被多个基类派生？

4. 将成员变量、成员函数分别设置为公共的、保护的和私有的，各有什么优缺点？

5. 在下面的代码段中，对象 b 拥有多少数据成员？

```
class A
{
    int x;
};

class  B : public A
{
    int y;
};

B b;
```

6. 找出并解释下列代码的错误之处。

```
class A
{
private:
    int x;
};

class B : public A
{
private:
    int y;
public:
    void f()
    {
        y = x;
    }
};
```

7. 在多继承中，什么情况下会出现二义性？怎样消除二义性？

8. 在 C++ 中，protected 类成员访问控制的作用是什么？

9. 在 C++ 中，继承的作用是什么？

10. 派生类如何实现对基类私有成员的访问？

第6章　多态性

面向对象程序设计具有三大特性：封装、继承和多态。面向对象程序设计的真正优势不仅仅在于封装和继承，更在于能像处理基类对象一样处理派生类对象，这种特性就是本章中将要介绍的多态性。多态性是面向对象程序设计的核心概念，和封装、继承一起结合使用能够有效地提高程序的可读性、可扩充性和可重用性，增加程序的灵活性，减轻系统升级、维护和调试的工作量和复杂度。

 ## 6.1　多态的概念

多态（Polymorphism）是指同样的消息被不同类型的对象接收时产生不同行为的现象。如果有几个相似而不完全相同的对象，有时人们在向这些对象发出同一个消息时，这些对象的反应各不相同，分别执行不同的操作，这种情况就是多态现象。

程序是客观世界的体现，在现实世界中多态的现象比比皆是，现实生活中也有许多关于多态性的例子。

例如，学校的第一节上课铃声响过之后，教师要走上讲台准备上课，学生在座位上做好上课准备。在这个例子中，教师、学生是不同类型的对象，它们接收到了同一个消息"铃声"，这些不同的对象都知道自己应该做什么，并且做出了不同的行为，这就是多态性。教师和学生都属于校内人员，可以使校内人员作为基类，教师和学生成为派生类，如图6-1所示。

这样，继承使学生与教师的行为相似，都具有"上课""下课"等相同的行为，多态却可以使学生与教师的同名行为，产生不同的执行效果。利用多态性，就不必在发送"铃声"这一消息时，一一考虑不同类型的对象是怎样执行的，而是将处理消息的主动权交给接收该消息的具体对象。本章介绍的多态性与第5章介绍的继承性相结合，可以生成一系列虽彼此相似却又独一无二的类和对象。

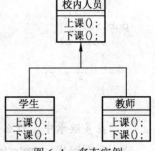

图6-1　多态实例

又例如，假设学校高二年级有三个班，那么这三个班的学生有基本相同的属性和行为，在同时听到上课铃声的时候，他们会分别走向三个不同的教室，而不会走向同一个教室，这也是多态。同样，如果有两支军队，当在战场上听到同一种号声，由于事先约定不同，A军队可能实施进攻，而B军队可能准备撤退，这也是多态。再如，在Windows环境下，双击一个对象（这就是向对象传递一个消息），如果对象是一个可执行文件，则会执行此程序，如果对象是一个文本文件，就会启动文本编辑器并打开该文件。

从程序员的立场来看，多态的功能十分强大，考虑这样一个程序结构：Window 是一个基类，它有 20 个左右的派生类（表示各种不同类型的窗口）。假设每个类都有一个 close 的功能（拥有不同的函数实现），用来完成 close 的任务。同时，针对不同类型的窗口，还要执行各种背景清除工作。我们进一步假设 Window 类的所有派生类中 close 的功能都采用 close 作为函数名称，其好处是程序员可以在不知道具体窗口类型（属于派生类类型）的情况下调用某个窗口（属于基类类型）的 close 方法，因为函数名称都是 close。另外，程序员只需记住一个函数名称就掌握了调用 20 个左右不同的函数的方法。

因此，C++ 中所谓的多态是指，由继承而产生的相关的不同的类，其对象对同一消息会做出不同的响应。

6.2　多态的类型

根据实现多态的方式的不同，可以将多态性分为两类：静态多态性和动态多态性。

静态多态性是指在程序编译时系统就能够确定要调用的是哪个函数，确定了同名操作的具体操作对象，因此这种多态也被称为编译时多态，主要通过函数的重载来实现。

动态多态性是指在程序编译时并不能确定要调用的是哪个函数，直到程序运行时系统才能动态地确定操作所针对的具体对象，因此这种多态又被称为运行时多态。动态多态性是通过虚函数（Virtual Function）来实现的。

这种确定操作的具体对象的过程就是绑定（Bingding）。用面向对象的术语来讲，绑定是指把一条消息和一个对象的方法相结合的过程。按照绑定进行的阶段不同，可以分为两种不同的绑定方法：静态绑定和动态绑定，这两种绑定过程中分别对应着多态的两种类型，静态多态性和动态多态性。

绑定工作在编译、连接阶段完成的情况称为静态绑定。在编译、连接过程中，系统就可以根据类型匹配等特征确定程序中操作调用与执行该操作代码的关系，即确定了某一个同名标识到底是要调用哪一段程序代码。有些多态类型，其同名操作的具体对象能够在编译、连接阶段确定，通过静态绑定解决，比如函数重载。

与静态绑定相对应，绑定工作在程序运行阶段完成的情况称为动态绑定。在编译、连接阶段无法解决的绑定问题，要等到程序开始运行之后再来确定，通过动态绑定解决，比如多态操作对象的确定。

在本章中，主要介绍静态多态性中的运算符重载和动态多态性的实现及虚函数的使用。

6.3　运算符重载

6.3.1　运算符重载的概念

重载指的是名称或符号具有不同的意义。一个重载的函数，就是一个被多次定义的函数。运算符重载，就是对 +、++ 和 [] 等这样的运算符进行重定义。在 C++ 中，运算符 "+" 既能实现实数相加，又能实现虚数相加，还能实现字符串连接，这是因为预先对运算符 "+" 进行了重载。

其实，像 "+" 和 "/" 这些算术操作符已经被 C++语言本身进行了重载。例如，除法操作符可以分为整数相除（如 2/3）和浮点数相除（如 2.0/3.0）。尽管符号/在两种情况下都表示除法，但却需要两种不同的算法来计算它们。对于程序员来说。用一种符号来表示除法是十分方便的，而不用考虑是什么类型的数相除。

再如，C++语言重载了运算符 ">>"，使得程序员可以用 cin 这个对象来读取各种不同类型的数据。同样，C++语言重载了运算符 "<<"，使得程序员可以用 cout 来输出各种不同类型的数据。">>" 和 "<<" 最初是位移操作符，一旦被重载，相同的符号 ">>" 就可用来从键盘、文件等源头读入不同类型的数据；"<<" 可用来向显示器、文件等输出不同类型的数据。

6.3.2　运算符重载的规则

运算符重载是使 C++ "锦上添花" 的特性，但是也有人会心存顾虑。如果可以对运算符的意义进行重新定义，那么是否会改变其原有的操作？C 代码还能否安全兼容到 C++程序中？既然可以任意定义运算规则，使用运算符是否会产生歧义？在实现运算符重载时是否需要遵循一定的规则呢？

运算符重载不会改变作用于基本数据类型的操作，对某类对象可以使用重载的运算符，运算符重载后基本语法特性不应改变。下面介绍运算符重载时必须遵循的规则。

（1）不允许创建新的运算符，只能对 C++中已有的运算符进行重载。

（2）重载之后，不改变运算符所需要的操作数个数。

（3）重载之后，不改变运算符的优先级和结合性。

（4）特殊的运算符不允许被重载，例如：类属关系运算符 "."、成员指针运算符 ".*"、作用域解析符 "::" 和三目运算符 "?:"。前面两个运算符保证了 C++中访问成员功能的含义不被改变，作用域解析符的操作数是类型，而不是普通的表达式，也不具备重载的特征。

（5）运算符重载不改变该运算符用于基本类型变量时的含义。运算符重载是针对新类型数据的实际需要，对原有运算符进行适当地改造。一般来讲，重载的功能应当与原有功能类似。例如，在 Complex 类中重载加法运算符，却使其执行复数的减法运算，会令人迷惑不解。

运算符重载的实质是编写以运算符作为名称的函数，我们通过编写一些比较特殊的函数来重载这些运算符，不妨将这些函数成为运算符函数。运算符函数的格式如下所示：

```
返回值类型 operator 运算符( )
{
    //...
}
```

这个运算符函数除了以关键字 operator 开始，以运算符本身结束以外，其余部分和一个普通函数是一样的，这是仅有的差别。它像其他函数一样工作，当编译器看到它以适当的模式出现时，就调用它。

具体来说，表达式中使用了被重载的运算符，会被编译成对运算符函数的调用，运算符的操作数成为函数调用时的实参，运算的结果就是函数的返回值。运算符可以被多次重载，运算符可以被重载为全局函数，也可以被重载为成员函数。也就是说，运算符函数既可以是类外函数，也可以是类中的成员函数，那么哪种方法更合适呢?

下面将对这两种方法进行介绍，并比较这两种重载方法的区别。

6.3.3 运算符重载为成员函数

将运算符重载为类的成员函数就是在类中用关键字 operator 定义一个成员函数，函数名就是关键字 operator 加上重载的运算符。运算符如果重载为类的成员函数，它就可以自由地访问该类的数据成员。

运算符重载为成员函数的一般格式如下：

```
返回值类型 类名::operator 运算符(形参列表)
{
    //函数体
}
```

以二元运算符为例，二元运算符重载为成员函数的一般格式如下：

```
返回值类型 类名::operator 二元运算符(形参)
{
    //函数体
}
```

以一元运算符为例，一元运算符重载为全局函数的一般格式如下：

```
返回值类型 类名::operator 一元运算符()
{
    //函数体
}
```

具体来说，若有复数对象 $c1$、$c2$ 和 $c3$，可以构造赋值语句 $c3 = c1.add(c2)$，加法成员函数 add 的定义如下：

```
Complex Complex::add(const Complex& c)
{
    return Complex(real+c.real, imag+c.imag);
}
```

也可以构造表达式 $c3 = c1 + c2$，则加法运算符重载为成员函数的定义如下：

```
Complex Complex::operator+(const Complex& c)
{
    return Complex(real+c.real, imag+c.imag);
}
```

调用 operator+的语法和调用普通成员函数的语法相同：

```
Complex a, b, c;
a=b.operator+(c);
```

这里 a、b 和 c 是类 Complex 的对象。请注意，既然加法运算的结果被认为是一个类 C 的对象，那么这个函数就应该返回类型 C。由于关键字 operator 的作用，operator+这个函数可以并且通常以如下方式调用：

```
a=b+c;
```

采用这种调用方式，其意义是非常清晰的：我们将 Complex 对象 b 和 c 加起来，从而得到另一个 Complex 对象，并将它赋给 Complex 对象 a。请注意类 Complex 中的 operator+函数只有一个

参数，但是+操作符需要两个操作数。实际上，第一个操作数就是调用该函数的对象。在语句

```
a=b+c;
```

中，b 的成员函数 operator+被调用，这和如下调用形式是相同的：

```
a=b.operator+(c);
```

此处，第一个操作数是 b，为调用 operator+的对象；第二个操作数是 c，为参数对象，以引用的形式传给函数 operator+。为了提高数据的传递效率和安全性，参数常被设计为类对象的常引用。通常，如果我们要重载一个二元操作符（即需要两个操作数的操作符），则其操作符重载函数只有一个参数。如果我们要重载一个一元操作符（即只要一个操作数的操作符），其函数不需要任何参数。

请看下面的完整程序。

```cpp
//程序清单1
#ifndef COMPLEX_H
#define COMPLEX_H

class Complex
{
  public:
    Complex(double real=0.0, double imag=0.0);
    double getReal() const;
    double getImag() const;
    void setReal(double real);
    void setImag(double imag);
    Complex add(const Complex& c);
    Complex operator+(const Complex& c);
  private:
    double real;
    double imag;
};
#endif
```

```cpp
//程序清单2
#include "Complex.h"

Complex::Complex(double real, double imag)
{
  this->real=real;
  this->imag=imag;
}

double Complex::getReal() const
{
  return real;
}

double Complex::getImag() const
{
  return imag;
```

```
}

void Complex::setReal(double real)
{
    this->real=real;
}

void Complex::setImag(double imag)
{
    this->imag=imag;
}

Complex Complex::add(const Complex& c)
{
    return Complex(real+c.real, imag+c.imag);
}

Complex Complex::operator+(const Complex& c)
{
    return Complex(real+c.real, imag+c.imag);
}
```

```
//程序清单 3
#include <iostream>
using namespace std;

#include "Complex.h"

int main()
{
    Complex a(1,2), b(3,4);
    Complex c=a+b;  //等价于 Complex c=operator+(a, b);
    Complex d=a.add(b);
    cout<<c.getReal()<<"+"<<c.getImag()<<"i"<<endl;
    cout<<d.getReal()<<"+"<<d.getImag()<<"i"<<endl;
    return 0;
}
```

程序运行结果：

```
4+6i
4+6i
```

6.3.4　运算符重载为全局函数

运算符重载为全局函数的一般格式如下：

返回值类型 operator 运算符 (形参列表)
{
　　 //函数体
}

以二元运算符为例，二元运算符重载为全局函数的一般格式如下：

返回值类型 operator 二元运算符(形参1,形参2)
{
    //函数体
}

以一元运算符为例，一元运算符重载为全局函数的一般格式如下：

返回值类型 operator 一元运算符(形参1)
{
    //函数体
}

请看下面的例子。

```cpp
//程序清单 6.3.1
#ifndef COMPLEX_H
#define COMPLEX_H

class Complex
{
  public:
    Complex(double real=0, double imag=0);
    double getReal() const;
    double getImag() const;
    void setReal(double real);
    void setImag(double imag);
  private:
    double real;
    double imag;
};

#endif
//程序清单 6.3.2
#include "Complex.h"
Complex::Complex(double real, double imag)
{
    this->real=real;
    this->imag=imag;
}

double Complex::getReal() const
{
    return real;
}

double Complex::getImag() const
{
    return imag;
}

void Complex::setReal(double real)
{
    this->real=real;
```

```
}

void Complex::setImag(double imag)
{
    this->imag=imag;
}

//程序清单 6.3.3
#include <iostream>
using namespace std;

#include "Complex.h"

Complex add(const Complex& c1, const Complex& c2)
{
    Complex c;
    c.setReal(c1.getReal()+c2.getReal());
    c.setImag(c1.getImag()+c2.getImag());
    return c;
}

Complex operator+(const Complex& c1, const Complex& c2)
{
    Complex c;
    c.setReal(c1.getReal()+c2.getReal());
    c.setImag(c1.getImag()+c2.getImag());
    return c;
}

int main()
{
    Complex a(1,2), b(3,4);
    Complex c=a+b; //等价于 Complex c=operator+(a, b);
    Complex d=add(a, b);
    cout<<c.getReal()<<"+"<<c.getImag()<<"i"<<endl;
    cout<<d.getReal()<<"+"<<d.getImag()<<"i"<<endl;

    return 0;
}
```

程序运行结果：

```
4+6i
4+6i
```

由于要使用 get 方法访问类的数据成员，因此程序不是很简洁。为了提高访问类中私有成员的效率，可以将运算符函数在 Complex 类内声明为友元函数。请看下面的例子。

```
//程序清单 6.3.4
#ifndef COMPLEX_H
#define COMPLEX_H

class Complex
```

```
{
  public:
    Complex(double real=0, double imag=0);
    double getReal() const;
    double getImag() const;
    void setReal(double real);
    void setImag(double imag);
//声明为友元函数
  friend Complex add(const Complex& c1, const Complex& c2);
 //声明为友元函数
  friend Complex operator+(const Complex& c1, const Complex& c2);
  private:
    double real;
    double imag;
};
#endif
```

//程序清单 6.3.5
```
#include "Complex.h"
Complex::Complex(double real, double imag)
{
    this->real=real;
    this->imag=imag;
}

double Complex::getReal() const
{
    return real;
}

double Complex::getImag() const
{
    return imag;
}

void Complex::setReal(double real)
{
    this->real=real;
}

void Complex::setImag(double imag)
{
    this->imag=imag;
}
```

//程序清单 6.3.6
```
#include <iostream>
using namespace std;

#include "Complex.h"
```

```
Complex add(const Complex& c1, const Complex& c2)
{
    Complex c;
    c.real=c1.real+c2.real;          //直接访问类的私有数据成员
    c.imag=c1.imag+c2.imag;          //直接访问类的私有数据成员
    return c;
}

Complex operator+(const Complex& c1, const Complex& c2)
{
    Complex c;
    c.real=c1.real+c2.real;          //直接访问类的私有数据成员
    c.imag=c1.imag+c2.imag;          //直接访问类的私有数据成员
    return c;
}

int main()
{
    Complex a(1,2), b(3,4);
    Complex c=a+b;                   //等价于 Complex c=operator+(a, b);
    Complex d=add(a, b);
    cout<<c.getReal()<<"+"<<c.getImag()<<"i"<<endl;
    cout<<d.getReal()<<"+"<<d.getImag()<<"i"<<endl;
    return 0;
}
```

程序运行结果：

```
4+6i
4+6i
```

比较程序清单 6.3.1~6.3.3 和 6.3.4~6.3.6，发现用友元函数实现运算符重载的方法，相对全局函数而言，虽有所简化，但仍比较烦琐。因此一般用成员函数实现运算符重载。但是，既然用成员函数实现运算符重载更简洁，为何允许用全局函数实现运算符重载？究竟什么时候必须使用全局函数实现运算符重载呢？

例如，对于复数类 Complex 的对象，希望它能够和整型以及实数型数据做四则运算。假设 c 是 Complex 对象，希望 "c+5" 和 "5+c" 这两个表达式都能解释得通。将运算符 "+" 重载为 Complex 类的成员函数能解释 "c+5"，但是无法解释 "5+c"。要让 "5+c" 有意义，则应对 "+" 进行再次重载，并重载为一个全局函数。为了使该全局函数能访问 Complex 对象的私有成员，仍将其声明为 Complex 类的友元函数。请看下面的例子。

```
//程序清单 6.3.7
#ifndef COMPLEX_H
#define COMPLEX_H

class Complex
{
  public:
    Complex(double real=0, double imag=0);
    double getReal() const;
```

```
        double getImag() const;
        void setReal(double real);
        void setImag(double imag);

        Complex operator+(double r);
        friend Complex operator+(double r, const Complex& c);

    private:
        double real;
        double imag;
};

#endif
```

//程序清单 6.3.8
```
#include "Complex.h"

Complex::Complex(double real, double imag)
{
    this->real=real;
    this->imag=imag;
}

double Complex::getReal() const
{
    return real;
}

double Complex::getImag() const
{
    return imag;
}

void Complex::setReal(double real)
{
    this->real=real;
}

void Complex::setImag(double imag)
{
    this->imag=imag;
}

Complex Complex::operator+(double r)
{
    return Complex(real+r, imag);
}
```

//程序清单 6.3.9
```
#include <iostream>
using namespace std;
```

```
#include "Complex.h"

Complex operator+(double r, const Complex& c)
{
    return Complex(r+c.real, c.imag);
}

int main()
{
    Complex a(1,2);
    Complex c=a+5;
    Complex d=5+a;
    cout<<c.getReal()<<"+"<<c.getImag()<<"i"<<endl;
    cout<<d.getReal()<<"+"<<d.getImag()<<"i"<<endl;
    return 0;
}
```

程序运行结果：

```
6+2i
6+2i
```

类的对象与非本类的对象进行混合运算时，选择全局函数重载运算符，可以保证非本类的对象正确调用运算符。将双目运算符重载为全局函数时，函数的形参列表中必须有两个参数，其顺序任意，不要求第一个参数必须为类的对象。但在使用运算符的表达式中，要求运算符左操作数与函数第一个参数匹配，右操作数与第二个参数匹配。

6.3.5　全局函数与成员函数的比较

重载运算符的意义在于尽可能为类的使用者提供方便，使其能够灵活地操作类对象。程序清单 6.3.4~6.3.6 和程序清单 6.3.2 中使用两种形式分别重载运算符，但要注意同一运算符不能既用成员函数又用全局函数重载，避免歧义的函数调用。基于不同的需求，Complex 类中 3 次重载运算符 "+"，使其能够支持两个复数的加法、一个复数和一个实数的加法，以及一个实数和一个复数的加法。运算符可以重载为成员函数或者全局函数，选择重载形式时应该遵循以下原则。

1. 优先将运算符重载为成员函数

一般来说，倾向于能重载为成员函数，就重载为成员函数，这样能够较好地体现运算符和类的关系。一般情况下，单目运算符重载为类的成员函数，尤其在运算符的操作需要修改对象的状态时（++和--）。双目运算符可以重载为类的成员函数或全局函数。但是一些双目运算符的重载不能用类的全局函数实现，包括=、()、[]和->，只能重载为类的成员函数。

2. 注意运算符不能重载为成员函数的情况

当有两个不同类型的对象进行混合运算时，若双目运算符的左操作数不是 A 类的对象（其他类对象或基本类型），而右操作数为 A 类的对象，则该运算符函数不能重载为 A 类成员函数。

6.4 虚 函 数

在一定程度上，多态可以简单地理解成同一条函数调用语句能调用不同的函数，或者理解成对不同对象发送同一消息，使得不同对象有各自不同的行为。

多态在面向对象的程序设计语言中是如此重要，以致于有类和对象的概念，但是不支持多态的语言，只能被称为"基于对象的程序设计语言"，而不能被称为"面向对象的程序设计语言"。例如，Visual Basic 就是"基于对象的程序设计语言"。

C++中的虚函数是用来解决动态多态问题的。所谓虚函数，指的是在声明时前面加了 virtual 关键字的成员函数，意思就是在基类中声明的这个成员函数是虚拟的，并不是真正实际存在的函数，之后在派生类中才正式定义此函数。

下面是一个体现多态性的必要性的例子。请分析下面的程序,这个程序的输出结果是什么？

```cpp
//程序清单 6.4.1.cpp
#include <iostream>
using namespace std;

class C
{
  public:
    string toString()
    {
      return "class C";
    }
};

class B: public C
{
    string toString()
    {
      return "class B";
    }
};

class A: public B
{
    string toString()
    {
      return "class A";
    }
};

void displayObject(C c)
{
  cout<<c.toString()<<endl;
}

int main()
```

```
{
    A a=A();
    B b=B();
    C c=C();
    displayObject(a);
    displayObject(b);
    displayObject(c);
    return 0;
}
```

程序运行结果：

```
class C
class C
class C
```

显然，这不是多态。虽然继承关系使得派生类从基类中继承特性并可以拥有新的特性。派生类是其基类的一个实例化；每一个派生类对象也是其基类的对象，但是反之则不然。例如，在上面的程序中，类 A、类 B 和类 C 的关系如图 6-2 所示。

每一个 A 对象都是 B 对象，每一个 B 对象都是 C 对象，但不是每一个 C 对象都是 B 对象，不是每一个 B 对象都是 A 对象。所以，总是能够将一个派生类的对象作为基类类型的参数进行参数传递。

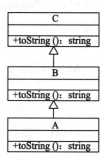

图 6-2 A、B、C 类之间的关系图

在上面的程序中，函数 displayObject 通过传递类 A、类 B 和类 C 的对象被相应地调用了 3 次，分别是：

```
displayObject(a);
displayObject(b);
displayObject(c);
```

正如输出所示，在类 C 中定义的 toString()函数被调用了 3 次。怎样才能够在执行 displayObject(a)时调用类 A 中定义的 toString()函数，在执行 displayObject(b)时调用类 B 中定义的 toString()函数，在执行 displayObject(c)时调用类 C 中定义的 toString()函数呢？也就是说，怎样才能产生如下的输出结果呢？

```
class A
class B
class C
```

假设将类 C 中 toString()函数的声明改为：

```
virtual string toString()
```

同时，将 displayObject 函数的声明改为：

```
void displayObject(C &c)
```

得到程序清单 6.4.2。

```
//程序清单 6.4.2
#include <iostream>
using namespace std;
```

```
class C
{
public:
    virtual string toString()
    {
      return "class C";
    }
};

class B: public C
{
    string toString()
    {
      return "class B";
    }
};

class A: public B
{
    string toString()
    {
      return "class A";
    }
};

void displayObject(C &c)
{
    cout<<c.toString()<<endl;
}

int main()
{
    A a=A();
    B b=B();
    C c=C();
    displayObject(a);
    displayObject(b);
    displayObject(c);
    return 0;
}
```

现在，重新运行上述程序，将得到以下输出：

```
class A
class B
class C
```

显然，这才是多态，随着 toString 函数在基类中被定义成 virtual 类型，C++动态地决定在运行时调用哪一个 toString()函数。当调用 displayObject(a)时，一个类 A 对象通过引用被传递给 c。由于 c 引用了一个类 A 的对象，在类 A 中定义的 toString()函数被调用。这种在运行时判断调用哪个函数的功能称为动态绑定（Dynamic Binding），又称动态多态。

为使一个成员函数能动态绑定，要做两件事：

（1）在基类中，函数必须声明为虚函数。

（2）在虚函数中，引用对象的变量必须以引用或者指针的形式传递。

派生类对象的地址可以赋值给基类指针。通过基类指针，调用基类和派生类中都有的同名、同参数表的虚函数这样的语句，编译时并不确定要执行的是基类还是派生类的虚函数；而当程序运行到该语句时，如果该基类指针指向的是一个基类对象，则基类的虚函数被调用；如果该基类指针指向的是一个派生类对象，则派生类的虚函数被调用。

程序清单6.4.2通过引用将对象传递给参数：

```
void displayObject(C &c)
```

也可以通过传递指针实现参数传递，如程序清单6.4.3所示。

```
//程序清单6.4.3
#include <iostream>
using namespace std;

class C
{
public:
    virtual string toString()
    {
      return "class C";
    }
};

class B: public C
{
    string toString()
    {
      return "class B";
    }
};

class A: public B
{
    string toString()
    {
      return "class A";
    }
};

void displayObject(C *p)
{
    cout<<p->toString()<<endl;
}

int main()
{
    A a=A();
```

```
    B b=B();
    C c=C();
    displayObject(&a);
    displayObject(&b);
    displayObject(&c);
    return 0;
}
```

程序运行结果：

```
class A
class B
class C
```

然而，如果对象变量通过传值传递的，虚函数也不会被动态绑定。如程序清单 6.4.4 所示，尽管成员函数被定义成虚函数，程序的输出和不使用虚函数时的输出是一样的。

```
//程序清单 6.4.4
#include <iostream>
using namespace std;

class C
{
public:
    virtual string toString()
    {
      return "class C";
    }
};

class B: public C
{
    string toString()
    {
      return "class B";
    }
};

class A: public B
{
    string toString()
    {
      return "class A";
    }
};

void displayObject(C c)
{
    cout<<c.toString()<<endl;
}

int main()
{
```

```
    A a=A();
    B b=B();
    C c=C();
    displayObject(a);
    displayObject(b);
    displayObject(c);
    return 0;
}
```

程序运行结果：

```
class C
class C
class C
```

显然，这不是多态，由此可见，多态的两个实现条件，缺一不可。

注意关于虚函数的以下几点：

（1）如果一个函数在基类中定义为虚函数，在派生类中，它自然也是虚函数，用户不必在派生类的函数声明中加上关键字 virtual。

（2）匹配一个函数的签名与绑定一个函数的实现是两个独立的问题。变量的类型声明决定了编译时匹配哪个函数，这是静态绑定（Static Binding）。编译器根据参数类型、参数个数及参数顺序在编译时寻找匹配的函数。一个虚函数可以在多个派生类中实现，C++在运行时动态绑定函数的实现，这是由变量所引用的对象的实际类型所决定的，这是动态绑定。

如果一个基类中定义的函数需要在派生类中重定义，你应该将其声明为虚函数，以避免混淆和错误。另一方面，如果一个函数不会被重定义，将其声明为非虚函数会得到更好的性能。这是因为当一个类带有虚函数时，编译系统会为该类构造一个虚函数表（Virtual Function Table），它是一个指针数组，用于存放每个虚函数的入口地址，在运行时动态绑定虚函数会花费更多时间和系统资源。纯面向对象语言由于所有的函数都以动态方式运行，因而效率的降低会相当大，而在 C++中，程序员可以选择性地执行哪些函数是虚成员函数，因而既不会导致太大的效率降低，又充分利用了运行期绑定机制。

6.5　虚析构函数

在 C++中，构造函数不能声明为虚成员函数。这是因为，在执行构造函数时类的对象还未完成建立过程，当然谈不上把函数与类的对象进行绑定。建立一个派生类对象时，必须从类层次的根开始，沿着继承路径逐个调用基类的构造函数。但是，析构函数可以是虚成员函数，虚析构函数用于指引 delete 运算符正确析构动态对象。

我们用一个例子来说明虚析构函数的必要性。

```
//程序清单 6.5.1
#include <iostream>
using namespace std;

class A
{
  public:
```

```
    A()
    {
        cout<<"A::Constructor"<<endl;
        p=new char[5];              //分配 5 字节
    }
    ~A()
    {
        cout<<"A::Destructor"<<endl;
        delete[] p;                 //释放 5 个字节
    }
  private:
    char *p;
};

class Z:public A
{
  public:
    Z()
    {
        cout<<"Z::Constructor"<<endl;
        q=new char[5000];          //分配 5000 字节
    }
    ~Z()
    {
        cout<<"Z::Destructor"<<endl;
        delete[] q;                //释放 5000 字节
    }
  private:
    char *q;
};

void func()
{
    A *ptr;                        //指向基类的指针
    ptr=new Z();                   // 指向派生类对象
    delete ptr;                    //~A()被调用，而不是~Z()被调用
}//注意：5000 字节将不能被访问

int main()
{
    for(int i=0; i<3; i++)
        func();
    return 0;
}
```

我们在函数 main() 中三次调用 func() 函数，由于类 A 和类 Z 的构造函数与析构函数输出了跟踪信息，程序运行的结果如下：

```
A::Constructor
Z::Constructor
A::Destructor
```

```
A::Constructor
Z::Constructor
A::Destructor

A::Constructor
Z::Constructor
A::Destructor
```

在调用函数 func() 时，只有类 A 的析构函数被调用。这是因为，尽管 ptr 指向一个派生类的对象，但 ptr 的数据类型是 A*：

```
ptr=new Z();                    //指向派生类的对象
```

上述 new() 操作将导致构造函数 A() 和 Z() 被调用，虽然 Z 的构造函数没有显式地调用 A 的构造函数，但编译器会确保 A 的默认构造函数被调用。当我们通过 ptr 进行 detele 操作时，尽管 ptr 实际指向一个 Z 的对象，但只有 ~A() 被调用，这是因为编译器实施的是静态绑定。编译器编译到 delete ptr 语句时，根据 ptr 的数据类型 A* 来决定调用哪一个析构函数，因此，仅调用了 ~A()，而没有调用 ~Z()，这样在 Z() 中分配的 5000 字节就不会被释放。这就导致每调用函数 func() 一次，就会丢失 5000 字节的内存。

将基类 A 的析构函数 ~A() 声明为虚成员函数可以解决程序清单 6.5.1 中的问题，如程序清单 6.5.2 所示。

```cpp
//程序清单 6.5.1
#include <iostream>
using namespace std;

class A
{
  public:
    A()
    {
      cout<<endl<<"A::Constructor"<<endl;
      p=new char[5];          //分配 5 字节
    }
    virtual ~A() //** virtual destructor
    {
      cout<<"A::Destructor"<<endl;
      delete[] p;             //释放 5 字节
    }
  private:
    char *p;
};

class Z:public A
{
  public:
    Z()
    {
      cout<<"Z::Constructor"<<endl;
      q=new char[5000];       //分配 5000 字节
```

```
    }
    ~Z()
    {
        cout<<"Z::Destructor"<<endl;
        delete[] q;              //释放 5000 字节
    }
  private:
    char *q;
};

void func()
{
    A *ptr;                      //指向基类的指针
    ptr=new Z();                 // 指向派生类对象
    delete ptr;                  //~A()被调用，而不是~Z()被调用
}

int main()
{
    for(int i=0; i<3; i++)
        func();
    return 0;
}
```

通过定义基类 A 的析构函数~A()为虚成员函数，可以确保其派生类的析构函数也自动成为虚成员函数，即使派生类的析构函数与基类的析构函数名称不相同。为了使代码更清晰，我们可以明确地使用关键字 virtual 来声明~Z()，不过即使用户不这样做，~Z()仍然是虚成员函数。修改后的程序输出如下：

```
A::Constructor
Z::Constructor
Z::Destructor
A::Destructor

A::Constructor
Z::Constructor
Z::Destructor
A::Destructor

A::Constructor
Z::Constructor
Z::Destructor
A::Destructor
```

现在，由于析构函数已经声明为虚成员函数，当通过 ptr 来删除其所指的对象时，编译器进行的是运行期绑定。在这里，因为 ptr 指向一个 Z 类型的对象，所以~Z()被调用；我们看到随后~A()也被调用了，这是因为析构函数的调用是沿着继承路径自下向上延伸的。也就是说，当基类的析构函数为虚函数时，无论指针指向的是同一类族中的哪一个类对象，系统都会采用动态关联，调用相应类的析构函数，对该对象进行清理工作，这就实现了多态。通过将析构函数定义为虚成员函数，我们就保证了在调用 f 时不会产生内存泄露。

通常，如果基类有一个指向动态分配内存的数据成员，并定义了负责释放这块内存的析构函数，就应该将这个析构函数声明为虚成员函数，这样做可以保证在以后添加该类的派生类时发挥多态性的作用。在 MFC 这样的商业库中，为了防止发生如程序清单 6.5.1 所示的那种内存泄露问题，库中的析构函数通常都是虚成员函数。

虚析构函数的概念和用法很简单，但它在面向对象程序设计中却是很重要的技巧。专业人员一般都习惯声明虚析构函数，即使基类并不需要析构函数，也显式地定义一个函数体为空的虚析构函数，以保证在撤销动态分配空间时能得到正确的处理。

 ## 6.6 纯虚函数与抽象类

6.6.1 纯虚函数

为了方便使用多态特性，人们常常需要在基类中定义虚函数。在有些情况下，基类本身生成对象是不合情理的，基类中的有些函数也不能给出具体的定义。例如，我们要设计一个能细分为矩形、三角形、圆形和椭圆形的"图形"类。"图形"类的所有派生类对象都有计算面积的函数，因此最好在"图形"类这一基类中定义计算面积的函数。那么，这个"图形"类的函数 getArea() 该如何定义呢？定义如下：

```
virtual double getArea()
{
    return 0;
}
```

这里将 getArea() 函数定义为虚函数，因为此函数将来会被派生类中的 getArea() 函数重写；这里函数 getArea() 的返回值设定为 0，实际上这个函数的返回值是无法确定的，在图形类中也无法给出计算面积方法的具体定义。这是因为，它不具体，只是一个抽象的概念。如果只说"图形"二字，听的人并不知道是什么图形。所有的图形都应该具有面积，但是在图形没有确定的情况下，其面积也是不确定的，将面积的值设定为 0，其实是一种不得已的做法。

这时，可以把这个计算面积的函数定义成纯虚函数。纯虚函数是 C++ 为这种无法具体化的抽象函数提供的一种声明的方法。在 C++ 中，一个纯虚函数可按如下方式定义：

```
virtual double getArea=0;
```

这样就不需要写出无意义的函数体了，只给出函数的原型，并在后面加上"=0"，就把 getArea() 函数声明为一个纯虚函数（Pure Virtual Function）。

注意：纯虚函数是没有函数体的，与下面的函数具有本质上的区别：

```
virtual double getArea() { }
```

这是一个函数体中没有任何语句、函数体为"空"的虚函数，纯虚函数是根本不具有函数体的。纯虚函数最后面的"=0"并不表示函数的返回值为 0，它只是起形式上的作用，告诉编译系统这个函数是纯虚函数。纯虚函数是一个在基类中声明的虚函数，但在基类中没有定义，要求该基类的所有派生类都要定义自己的版本，即派生类中都要实现各自求面积的同名函数。纯虚函数的作用是在基类中为其派生类保留一个函数的名字，以便派生类对它的行为进行重新定义，如程序清单 6.6.1 所示。

```cpp
#include <iostream>
#include <string>
using namespace std;

class Shape                                    //抽象类
{
    public:
        virtual string toString()const
        {
            return "Shape Object";
        }

        virtual double getArea()const=0;       //纯虚函数/抽象函数
        virtual double getPerimeter()const=0;  //纯虚函数

};

class Circle: public Shape
{
    private:
        double radius;
    public:
        string toString()const
        {
            return "Circle Object";
        }

        Circle(double radius)
        {
            this->radius=radius;
        }

        double getArea()const
        {
            return 3.14*radius*radius;
        }

        double getPerimeter()const
        {
            return 2*3.14*radius;
        }
};

class Rectangle: public Shape
{
    private:
        double width;
        double height;
    public:
```

```
        string toString()const
        {
            return "Rectangle Object";
        }

        Rectangle(double width, double height)
        {
            this->width=width;
            this->height=height;
        }

        double getArea()const
        {
            return width*height;
        }

        double getPerimeter()const
        {
            return 2*(width+height);
        }
};

void display(const Shape& s)
{
    cout<<"Area: "<<s.getArea()<<endl;
    cout<<"Perimeter: "<<s.getPerimeter()<<endl;
}

int main()
{
    Circle circle(5);
    display(circle);

    Rectangle rectangle(4,6);
    display(rectangle);

    return 0;
}
```

程序运行结果：

```
Area: 78.5
Perimeter: 31.4
Area: 24
Perimeter: 20
```

　　这个程序创建了两个 Shape 对象（一个圆和一个矩形），调用 display()输出对象的面积和周长。Shape 类中定义的纯虚函数 getArea()和 getPerimeter()在 Circle 类中和 Rectangle 类中被覆盖。

　　当调用 display(circle)时，Circle 类中定义的 getArea()和 getPerimeter()函数被调用，而当调用 display(rectangle)时，Rectangle 类中定义的 getArea()和 getPerimeter()函数被调用。C++在运行时，根据对象的类型，动态地决定调用哪个函数。

从程序清单 6.6.1 可以看出，在 C++中，纯虚函数的作用就是为各派生类提供一个公共接口。在基类中声明纯虚函数，在派生类中重写从基类继承的纯虚函数，也就是由派生类来实现这个函数的具体内容。纯虚函数因为没有函数体，所以不能像其他普通函数或者普通虚函数那样直接被使用，它存在的目的就是为了派生类的重写。

6.6.2　抽象类

纯虚函数被称为抽象函数（Abstract Function），包含抽象函数的类就称为抽象类（Abstract Class）。在程序清单 6.6.1 中，类 Shape 因为带有纯虚函数 getArea()和 getPerimeter()，所以是抽象类。在继承层次中，从基类到派生类，类的内容越来越具体。如果从派生类返回到其父类和祖先类，类的内容会越来越一般化和不具体。在设计类时应确保一个基类包含其派生类的共同特性。有时，基类会非常抽象，以至于不包含任何具体的实例，这样的基类就成为抽象类。

在现实世界中，抽象类的例子是很多的。例如，"动物"是对所有哺乳、爬行、两栖类、昆虫、鱼类及鸟类等生物的统称，动物有寿命，有行进方式等属性，但是动物是一个抽象的概念，通常无法定义动物到底以怎样的方式行进。但是，作为动物类的一个派生类——鱼类，通常是可以定义具体的行进方式的。因此，在面向对象的程序设计中，动物类通常被设计为抽象类，其"行进"函数通常被设计为纯虚函数。

抽象类的主要作用是为该类的所有派生类建立一个公共的接口，这个接口在抽象类中声明，而接口的完整实现，即纯虚函数的函数体，要由派生类自己定义。抽象类只能作为派生其他类的基类来使用，是无法实例化的，不能直接创建抽象类的对象实例，即不能声明一个抽象类的对象，因此下面的语句是错误的：

```
Shape s;
```

同理，抽象类不能用作函数参数类型、函数返回值类型或显式转换的类型。但是，可以声明一个抽象类的指针和引用，通过指针或引用，就可以指向并访问派生类的对象，进而访问派生类的成员，以支持运行时多态性。在程序清单 6.6.1 中，display()函数的形式参数是抽象类 Shape 的常引用，如下面所示：

```
void display(const Shape& s)
{
    cout<<"Area: "<<s.getArea()<<endl;
    cout<<"Perimeter: "<<s.getPerimeter()<<endl;
}
```

在主函数中分别向 display 函数传递 Circle 类的对象 circle 和 Rectangle 类的对象 rectangle，即 display 函数的形式参数 s 分别引用了实际参数 circle 和 rectangle。也就是说，基类对象引用了派生类的对象，且 getArea()和 getPerimeter()都是虚函数，满足多态的两个条件，这样会产生动态绑定，因此实际运行时并不会调用基类的纯虚函数，而是调用 Circle 类和 Rectangle 类这两个派生类分别重写的 getArea()函数和 getPerimeter()函数。

我们也可以定义抽象类 Shape 的指针，产生和程序清单 6.6.1 相似的程序运行结果，如程序清单 6.6.2 所示。

```
//程序清单 6.6.2
#include <iostream>
#include <string>
```

```cpp
using namespace std;

class Shape
{
    public:
        virtual string toString()const=0;
};

class Circle: public Shape
{
    private:
        double radius;
    public:
        string toString()const
        {
            return "Circle Object";
        }

        Circle(double radius)
        {
            this->radius=radius;
        }
};

class Rectangle: public Shape
{
    private:
        double width;
        double height;
    public:
        string toString()const
        {
            return "Rectangle Object";
        }

        Rectangle(double width, double height)
        {
            this->width=width;
            this->height=height;
        }
};

void display(const Shape* pShape)
{
    cout<<pShape->toString()<<endl;
}

int main()
{
    Circle circle(5);
    display(&circle);
```

```
Rectangle rectangle(4,6);
display(&rectangle);

return 0;
}
```

在程序清单 6.6.2 中，display()函数参数中定义了抽象类 Shape 的常指针，如下所示：

```
void display(const Shape* pShape)
{
    cout<<pShape->toString()<<endl;
}
```

在主函数中分别向 display 函数传递 Circle 类对象 circle 的地址和 Rectangle 类对象 rectangle 的地址，即 display 函数的形式参数 s 分别指向了实际参数 circle 和 rectangle。也就是说，基类对象指向了派生类的对象，且 getArea()和 getPerimeter()都是虚函数，满足多态的两个条件，这样也会产生动态绑定。因此，实际运行时并不会调用基类的纯虚函数，而是调用 Circle 类和 Rectangle 类这两个派生类分别重写的 getArea()函数和 getPerimeter()函数，这样程序输出的结果与程序清单 6.6.1 是一致的。

 习　　题

1. 什么是静态绑定？什么是动态绑定？
2. 声明虚函数是否足以形成动态绑定？
3. 把所有虚函数都声明为虚函数是很好的做法吗？
4. 如何定义一个纯虚函数？
5. 下面代码有什么错误？

```
class Circle
{
  public:
    virtual void f()=0;
};

int main()
{
    Circle c;
    return 0;
}
```

6. C++中的运算符是否都可以重载？
7. 解释下列程序中的错误。

```
class Point
{
    //...
    bool operator>(const Point&) const;
    //...
```

```
};

    bool Point::>(const Point& s) const
{
    //…
}
```

8.　operator+是否可以按如下声明方式实现?

（1）Complex operator+(const Complex) const;

（2）Complex& operator+(const Complex&) const;

9.　指出下面程序中的错误:

```
class B
{
  public:
    void m();
};
virtual void B::m()
{
}
```

10.　一个类满足什么条件才能成为抽象基类?

第7章　流类库与输入/输出

C++标准库提供了一个面向对象的输入/输出软件包，它就是 I/O 流类库。流是 I/O 流类库的中心概念。本章首先介绍流的概念与流类库的结构，然后介绍流类库的使用。对于流类库中的详细说明及类成员的描述，请读者查阅 C++标准库的参考手册。

 ## 7.1　I/O 流的概念及流类库结构

输入和输出是数据传送的过程，数据如流水一样从一处流向另一处。C++形象地将此过程称为流（Stream）。从流中获取数据的操作称为提取操作，向流中添加数据的操作称为插入操作，数据的输入与输出是通过 I/O 流来实现的。

当程序与外界环境进行信息交换时，存在着两个对象，一个是程序中的对象，另一个是文件对象。程序建立一个流对象，并指定这个流对象与某个文件对象建立连接，程序操作流对象，流对象通过文件系统对所连接的文件对象产生作用。实际上，在内存中为每一个流对象开辟了一个内存缓冲区，用来缓存流中的数据，而文件对象往往可能会是一些输入输出设备（键盘、屏幕、磁盘）。由于流对象是程序中的对象与文件对象进行交换的界面，对程序中的流对象而言，文件对象有的特性，流对象也有，所以程序将流对象看作是文件对象的化身。一般意义上的读操作在流对象中被称为（从流中）提取，写操作被称为（向流中）插入。例如对标准输入设备键盘的读操作即对流对象的提取，标准输出设备屏幕的写操作即对流对象的插入。

I/O 流类库的基础是一组类模板，类模板提供了库中的大多数功能，而且可以作用于不同类型的元素。流的基本单位除了普通字符（char 类型）外，还可以是其他类型（如 wchar_t），流的基本单位的数据类型就是模板的参数。使用 I/O 流时一般无须直接引用这些模板，因为 C++的标准头文件中已经用 typedef 为这些模板面向 char 类型的实例定义了别名。由于模板的实例和类具有相同的性质，可以直接把这些别名看作是流类的别名。为简便起见，本章把这些别名所表示的模板实例称做类。

在 I/O 流类库中，头文件 iostream 声明了 4 个预定义的流对象用来完成在标准设备上的输入/输出操作：cin，cout，cerr，clog。

图 7-1 给出了 I/O 流类库中面向 char 类型的各个类之间的关系。表 7-1 是这些类的简要说明和使用它们时所需要包含的头文件名称。

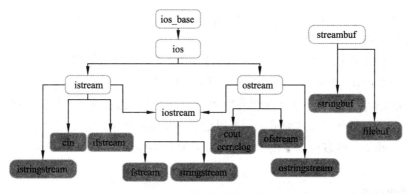

图 7-1　I/O 流类层次图

表 7-1　I/O 流类列表

类　　名	说　　明	包 含 文 件
抽象流基类： ios	流基类	ios
输入流类： istream ifstream istringstream	通用输入流类和其他输入流基类 文件输入流类 字符串输入流类	istream fstream sstream
输出流类： ostream ofstream ostringstream	通用输出流类和其他输出流基类 文件输出流类 字符串输出流类	ostream fstream sstream
输入/输出流类： iostream fstream stringstream	通用输入/输出流类 文件输入/输出流类 字符串输入/输出流类	istream fstream sstream
流缓冲区类： streambuf filebuf stringbuf	抽象流缓冲区基类 文件流缓冲区类 字符串流缓冲区类	streambuf fstream sstream
标准输入/输出类： cin cout,cerr,clog	标准输入类 标准/错误输出类	iostream

表 7-1 列出的头文件 ios，istream，ostream，streambuf 有时显示地被包含在源程序中，因为其中描述的都是类层次结构中的基类，这些头文件已经被包含在其派生类所在头文件中了。

7.2 输 出 流

一个输出流对象是信息流向的目标，最重要的 3 个输出流是 ostream，ofstream 和 ostringstream。

预先定义的 ostream 类对象用来完成向标准设备的输出：

- cout 是标准输出流。
- cerr 是标准错误输出流，没有缓冲，发送给它的内容立即被输出。
- clog 类似于 cerr，但是有缓冲，缓冲区满时被输出。

ofstream 类支持磁盘文件输出。如果你需要一个只输出的磁盘文件，可以构造一个 ofstream 类的对象。并且，在打开文件之前或之后可以指定 ofstream 对象接收二进制或文本模式数据。很多格式化选项和成员函数可以应用于 ofstream 对象，ofstream 类包括基类 ios 和 ostream 的所有功能。

7.2.1　构造输出流对象

预先定义的 cout，cerr 或 clog 对象使用时，不需要构造一个输出流。例如，在前面章节中，都是将信息输出到标准输出设备，使用的是 cout。如果要将信息输出到文件需要通过文件流，这时便需要使用构造函数来建立流对象。

构造文件输出流的常用方法有如下三种：

（1）使用默认构造函数，然后调用 open 成员函数。例如：

```
ofstream FileInputStream;                //定义一个文件输入流对象
FileInputStream.open("filename");        //打开文件，使流对象与文件建立联系
```

（2）在调用构造函数时指定文件名。例如：

```
ofstream FileInputStream("filename");
```

（3）也可以使用同一个流先后打开不同的文件。例如：

```
ofstream FileInputStream;
FileInputStream.open("FILE1");           //打开文件 FILE1
//...向文件 FILE1 输入
FileInputStream.close();                 //关闭 FILE1
FileInputStream.open("FILE2");           //打开文件 FILE2
//...向文件 FILE2 输入
FileInputStream.close();                 //关闭 FILE2
```

7.2.2　使用插入运算符和操作符

插入（<<）运算符是所有标准 C++数据类型预先设计的，用于传送字节到一个输出流对象。插入运算符与预先定义的操作符（manipulator）一起工作，可以控制输出格式。很多操作符都定义在 ios_base 类中（如 hex()），以及 iomanip 头文件中（如 setprecision()）。

1.　输出宽度

为了调整输出宽度，可以通过在流中放入 setw 操作符或调用 width 成员函数为每个项指定输出宽度。下面的例子指定宽度右对齐方式（默认对齐方式）输出一个一维数组。

【例 7-1】使用 width 成员函数控制输出宽度。

```
//7_1.cpp
#include <iostream>
using namespace std;
int main()
```

```
{
    int value[4]={1,11,111,1111};
    for(int i=0;i<4;i++){
        cout.width(4);
        cout<<value[i]<<endl;
    }
    cout<<endl;
    return 0;
}
```

程序运行结果：

```
   1
  11
 111
1111
```

从程序的输出结果可以看到，在少于 4 个字符宽的数值前加入了引导空格。空格是默认的填充符，当输出的数据不能充满指定的宽度时，系统会自动以空格填充，也可以指定别的字符来填充。使用 fill 成员函数可以为已经指定宽度的域设置填充字符。接下来用星号填充数值列，可以在例 7-1 中的 for 循环前加入以下函数调用：

```
cout.fill('#');
```

程序运行结果：

```
###1
##11
#111
1111
```

如果要为同一行中输出的不同数据项分别指定宽度，也可以使用 setw 操作符。

【例 7-2】使用 setw 操作符指定宽度。

```
//7_2.cpp
#include <iostream>
#include <string>
#include <iomanip>
using namespace std;
int main()
{
    string name[3]={"xiaohua","xiaohong","xiaojia"};
    int grade[3]={65,54,77};
    for(int i=0;i<3;i++){
        cout<<setw(10)<<name[i]<<setw(5)<<grade[i]<<endl;
    }
    cout<<endl;
    return 0;
}
```

width 成员函数在 iostream 中声明了，如果使用 setw 或任何其他操作符，就必须包括 iomanip。在输出中，字符串输出在宽度为 10 的域中，整数输出在宽度为 5 的域中。

程运行结果：

```
xiaohua      65
```

```
xiaohong      54
xiaojia       77
```

setw 和 width 都不截断数值。如果数值位超过了指定宽度，则显示全部值，当然还要遵守该流的精度设置。setw 和 width 仅影响紧随其后的域，在一个域输出完后域宽度恢复成它的默认值（必要的宽度）。但其他流格式选项保持有效直到发生改变，例如刚刚介绍的 fill。

2. 对齐方式

输出流默认为右对齐文本方式，为了在例 7-2 中实现左对齐姓名和右对齐数值，可将程序修改如下。

【例 7-3】设置对齐方式。

```cpp
//7_3.cpp
#include <iostream>
#include <string>
#include <iomanip>
using namespace std;
int main()
{
    string name[3]={"xiaohua","xiaohong","xiaojia"};
    int grade[3]={65,54,77};
    for(int i=0;i<3;i++){
        cout<<setfill('#')<<setiosflags(ios_base::left)
        <<setw(10)<<name[i]<<setw(5)<<grade[i]<<endl;
    }
    cout<<endl;
    return 0;
}
```

程序运行结果：

```
xiaohua###65###
xiaohong##54###
xiaojia###77###
```

这个程序中，通过使用带参数的 setiosflags 操作符来设置左对齐，setiosflags 定义在头文件 iomanip 中。参数 ios_base::left 是 ios_base 的静态常量，因此引用时必须包括 ios_base:: 前缀。setiosflags 不同于 width 和 setw，它的影响是持久的，直到用 resetiosflags 重新恢复默认值时为止。

setiosflags 的参数是该流的格式标志值，这个值由表 7-2 中的位掩码指定，并可用位或（|）运算符进行组合。

表 7-2　setiosflags 操作符的参数

参　　数	作　　用
ios_base::skipws	在输入中跳过空白
ios_base::left	左对齐值，用填充字符填充右边
ios_base::right	右对齐值，用填充字符填充左边（默认对齐方式）
ios_base::dec	以十进制形式格式化数值（默认进制）
ios_base::oct	以八进制形式格式化数值

续表

参　　　数	作　　　用
ios_base::hex	以十六进制形式格式化数值
ios_base::showbase	插入前缀符号以表明整数的数制
ios_base::uppercase	对于十六进制数值显示大写字母 A 到 F，对于科学格式显示大写字母 E
ios_base::showpos	对于非负数显示正号（"+"）
ios_base::scientific	以科学格式显示浮点数值
ios_base::fixed	以定点格式显示浮点数值（没有指数部分）

3. 精度

浮点数输出精度的默认值是 6，例如，数 2199.7522 显示为 2199.75。为了改变精度，可以使用 setprecision 操作符（定义在头文件 iomanip 中）。此外，还有两个标志会改变浮点数的输出格式，即 ios_base::fixed 和 ios_base::scientific。如果设置了 ios_base::fixed，该数输出为 2199.752200；如果设置了 ios_base::scientific，该数输出为 2.199752e+003。例 7-4 以 2 位有效数字显示浮点数。

【例 7-4】控制输出精度。

```cpp
//7_4.cpp
#include <iostream>
#include <string>
#include <iomanip>
using namespace std;
int main()
{
    double values[3]={2.3745,3.141592,5.2347};
    for(int i=0;i<3;i++){
        cout<<setiosflags(ios_base::fixed)<<setprecision(2)
        <<values[i]<<endl;
    }
    cout<<endl;
    return 0;
}
```

程序运行结果:

```
2.37
3.14
5.23
```

如果改变 ios_base::fixed 为 ios_base::scientific，该程序的输出结果为:

```
2.37e+000
3.14e+000
5.23e+000
```

同样，该程序在小数点后输出了 2 位数字，这表明如果设置了 ios_base:: fixed 或 ios_base::scientific，则精度值确定了小数点之后的小数位数。如果都未设置，则精度值确定了总的有效位数，可以用 resetiosflags 操作符清除这些标志。

4. 进制

dec，oct 和 hex 操作符设置输入和输出的默认进制。例如，若将 hex 操作符插入到输出流中，则以十六进制格式输出。如果 ios_base::uppercase（默认）标志已清除，该数值以 a 到 f 的数字显示；否则，以大写方式显示。默认的进制是 dec（十进制）。

7.2.3 文件输出流成员函数

1. 输出流的 open() 函数

要使用一个文件输出流（ofstream），必须在构造函数或 open 成员函数中把该流与一个特定的磁盘文件关联起来。在这两种情况下，描述文件的参数是相同的。

打开一个与输出流关联的文件时，可以指定一个 open_mode 标志，如表 7-3 所示。可以按位或（|）运算符组合这些标志，它们作为枚举常量定义在 ios_base 类中。例如：

```
ofstream FileInputStream("filename", ios_base::out|ios_base::binary);
```

或

```
ofstream FileInputStream;
FileInputStream.open("filename", ios_base::out|ios_base::binary);
```

表 7-3 文件输出流文件打开模式

标　　志	功　　能
ios_base:app app:aa app	打开一个输出文件用于在文件尾添加数据
ios_base::ate	打开一个现存文件（用于输入或输出）并查找到结尾
ios_base::in	打开一个输入文件，对于一个 ofstream 文件，使用 ios base:: in 作为一个 open-mode 可避免删除一个现在文件中现有的内容
ios_base::out	打开一个文件，用于输出。对于所有 ofstream 对象，此模式是隐含指定的
ios_base:: trunc	打开一个文件，如果它已经存在则删除其中原有的内容。如果指定了 ios_base:: out，但没有指定 ios_base:: ate，ios_base:: app 和 ios_base:: in，则隐含为此模式
ios_base::binary	以二进制模式打开一个文件（默认是文本模式）

其中第二个表示打开模式的参数具有默认值 ios_base:: out，可以省略。

2. 输出流的 close() 函数

close() 成员函数关闭与一个文件输出流关联的磁盘文件。文件使用完毕后必须将其关闭以完成所有磁盘输出。虽然 ofstream() 析构函数会自动完成关闭，但如果需要在同一流对象上打开另外的文件，就需要使用 close() 成员函数，建议在使用完一个流对象之后调用 close() 成员函数主动关闭。

3. 输出流的 put() 函数

put() 成员函数把单个字符写到输出流中，下面两个语句默认是相同的，但第二个受该流 cout() 的格式化参量的影响。

```
cout.put('A');          //精确地输出一个字符
cout<<'A';              //输出一个字符，但此前设置的宽度和填充方式在此起作用
```

4. write()函数

write()成员函数把一个内存中的一块内容写到一个文件输出流中，长度参数指出写的字节数。下面的例子建立一个文件输出流并将 Student 结构的二进制值写入文件。

【例 7-5】向文件输出。

```
//7_5.cpp
#include <fstream>
using namespace std;
struct Student{
    string id;
    string name;
    int age;
};
int main()
{
    Student stu={"2001","xiaohong",18};
    ofstream FileInputStream;
    FileInputStream.open("filename", ios_base::out|ios_base::binary);
    FileInputStream.write(reinterpret_cast<char *>(&stu), sizeof(stu));
    FileInputStream.close();
    return 0;
}
```

细节 reinterpret_cast 是强制类型转换符。它是用来处理无关类型转换的，通常为操作数的位模式提供较低层次的重新解释。它是用在任意的指针之间的转换，引用之间的转换。

write()函数当遇到空字符时并不停止，因此能够写入完整的类结构，该函数带两个参数：一个 char 指针（指向内存数据的起始地址）和一个所写的字节数。注意需要用 reinterpret_cast 将该对象的地址显式转换为 char *类型。

5. seekp()和 tellp()函数

一个文件输出流保存一个内部指针指出下一次写数据的位置。seekp()成员函数设置这个指针，因此可以以随机方式向磁盘文件输出。tellp()成员函数返回该文件位置指针值。

7.2.4 字符串输出流

输出流除了可以用于向屏幕或文件输出信息外，还可以用于生成字符串，这样的流称为字符串输出流。ostringstream 类就用来表示一个字符串输出流。

ostringstream 类有两个构造函数。第一个函数有一个形参，表示流的打开模式，与文件输出流中的第二个参数功能相同，可以取表 7-3 中的值，具有默认值 ios_base::out，通常使用它的默认值。例如，可以用下列方式创建一个字符串输出流：

```
ostringstream OuputStringStream;
```

第二个构造函数接收两个形参。第一个形参是 string 型常对象，用来为这个字符串流的内容设置初值，第二个形参表示打开模式，与第一种构造函数的形参具有相同的意义。

　　既然 ostringstream 类与 ofstream 类同为 ostream 类的派生类，ofstream 类所具有的大部分功能，ostringstream 类都具有，例如插入运算符、操作符、write 函数、各种控制格式的成员函数等，只有专用于文件操作的 open()函数和 close()函数是 ostringstream 类所不具有的。ostringstream 类还有一个特有的成员函数 str()，它返回一个 string 对象，表示用该输出流所生成字符串的内容。ostringstream 类的一个典型用法是将一个数值转化为字符串，请看下面的示例。

【例 7-6】用 ostringstream 将数值转换为字符串。

```cpp
//7_6.cpp
#include <sstream>
#include <string>
using namespace std;
template<class T>
inline string toString (const T &v) {
    ostringstream OuputStringStream;      //创建字符串输出流
    OuputStringStream<<v;                 //将变量 v 的值写入字符串流
    return OuputStringStream.str();       //返回输出流生成的字符串
}
int main () {
    string str1=toString (8);
    cout<<str1<<endl;
    string str2=toString(3.2) ;
    cout<<str2<<endl;
    return 0;
}
```

程序运行结果：

```
8
3.2
```

该程序的函数模板 toString 可以把各种支持 "<<" 插入符的类型的对象转换为字符串。

7.2.5　二进制输出文件

　　最初设计流的目的是用于文本，因此默认的输出模式是文本方式。在不同操作系统中，文本文件的行分隔符不大一样。例如，Linux 操作系统下的文本文件以一个换行符('\n'，十进制 10)作为行分隔符，而 Windows 操作系统下的文本文件以一个换行符和一个回车符('\r'，十进制 13)作为行分隔符。在以文本模式输出时，每输出一个换行符('\n')，都会将当前操作系统下的行分隔符写入文件中，这意味着在 Windows 下输出换行符后还会被自动扩充一个回车符，这种自动扩充有时可能出现问题，请看下列程序。

```cpp
#include <iostream>
#include <fstream>
using namespace std;
int arr[2]={23, 10};
int main(){
    ofstream OuputStringStream ("test");
    OuputStringStream.write(reinterpret_cast<char *>(arr), sizeof(arr));
    return 0;
}
```

提示对于 IA-32 结构的微处理器，int 型变量占据 4 字节，低位存储在地址较小的内存单元中，因此 int 型数据 10 的连续 4 个字节内容分别为 10，0，0，0。如使用文本模式输出，则写到文件中的内容是 13，10，0，0，0。

当执行程序，向文件中输出时，10 之后会被自动添加一个 13，然而这里的转换显然不是我们需要的。要想解决这一问题，就要采用二进制模式输出。使用二进制模式输出时，其中所写的字符是不转换的。如要二进制模式输出到文件，需要在打开文件时在打开模式中设置 ios_base:: binary。例如：

```
# include <fstream>
using namespace std;
int arr[2]={23,10};
int main(){
    ofstream OuputStringStream("test", ios_base:: out|ios_base::binary);
        OuputStringStream.write(reinterpret_cast<char *>(arr), sizeof(arr) ) ;
    return 0;
}
```

7.3　输　入　流

一个输入流对象是数据流出的源头，3 个最重要的输入流类是 istream，ifstream 和 istringstream。预先定义的 istream 对象 cin 用来完成从标准输入设备（键盘）的输入。

7.3.1　构造输入流对象

可以直接使用 cin 对象，而不需要构造输入流对象。如果要使用文件流从文件中读取数据，就必须构造一个输入流对象。建立一个文件输入流的常用方式如下。

（1）使用默认构造函数建立对象，然后调用 open() 成员函数打开文件。例如：

```
ifstream InputFileStream;                //建立一个文件流对象
InputFileStream.open("filename");        //打开文件 filename
```

（2）在调用构造函数建立文件流对象时指定文件名和模式。例如：

```
ifstream InputFileStream("filename");
```

7.3.2　使用提取运算符

提取（Extraction）运算符（>>）对于所有标准 C++ 数据类型都是预先设计好的，它是从一个输入流对象获取字节最容易的方法。提取运算符是用于格式化文本输入的，在提取数据时，以空白符为分隔。如果要输入一段包含空白符的文本，用提取运算符就很不方便。在这种情况下，可以选择使用非格式化输入成员函数 getline()，这样就可以读一个包含有空格的文本块，然后再对其进行分析。

7.3.3　输入流操作符

定义在 ios_base 类中和 iomanip 头文件中的操作符可以应用于输入流。但是只有少数几个操作符对输入流对象具有实际影响，其中最重要的是进制操作符 dec，oct 和 hex。在提取中，

hex 操纵符可以接收处理各种输入流格式，例如 c，C，0xc 和 0xC 都被解释为十进制数 12。任何除 0 到 9、A 到 F、a 到 f 和 x、X 之外的字符都引起数值变换终止。例如，序列 13kf 将变换成数值 13。

7.3.4　输入流相关函数

1.　输入流的 open() 函数

如果要使用一个文件输入流（ifstream），必须在构造函数中使用 open() 函数把该流与一个特定磁盘文件关联起来。无论用哪种方式，参数是相同的。当打开与一个输入流关联的文件时，通常要指定一个模式标志。模式标志主要有 ios_base:: in、ios_base:: binary 分别表示打开文件用于输入（默认）、以二进制模式（默认模式是文本模式）打开文件，该标志可以用按位或（|）运算符进行组合。用 ifstream 打开文件时，模式的默认值是 ios_base::in。

2.　输入流的 close() 函数

close() 成员函数关闭与一个文件输入流关联的磁盘文件。

虽然 ifstream 类的析构函数可以自动关闭文件，但是如果需要使用同一流对象打开另一文件，则首先要用 close() 函数关闭当前文件。

3.　get() 成员函数

非格式化 get() 函数的功能与提取运算符（>>）很相像，主要的不同点是 get() 函数在读入数据时包括空白字符，而提取运算符在默认情况下拒绝接收空白字符。

【例 7-7】get() 函数应用举例。

```
//7_7.cpp
#include <iostream>
using namespace std;
int main(){
    char ch;
    while((ch=cin.get())!=EOF){
        cout.put(ch);
    }
    return 0;
}
```

运行时如果输入：

```
abc xyz 123
```

则输出：

```
abc xyz 123
```

当按下【Ctrl+Z】组合键及【Enter】键时，程序读入的值是 EOF，程序结束。

4.　getline() 函数

istream 类具有成员函数 getline()，其功能是允许从输入流中读取多个字符，并且允许指定输入终止字符（默认值是换行字符），在读取完成后，从读取的内容中删除该终止字符。然而该成员函数只能将输入结果存在字符数组中，字符数组的大小是不能自动扩展的，造成了使用上的不便。非成员函数 getline()能够完成相同的功能，但可以将结果保存在 string 类型的对象中，更加方便。这一函数可以接收两个参数，前两个分别表示输入流和保存结果的 string 对象，第三个参数可选，表示终止字符。使用非成员的 getline()函数的声明在 string 头文件中。

【例 7-8】为输入流指定一个终止字符。

本程序连续读入一串字符，直到遇到字符'q'时停止。

```
//7_8.cpp
#include <iostream>
#include <string>
using namespace std;
int main(){
    string line;
    cout<<"Type a line terminated by 'q' "<<endl;
    getline(cin, line, 'q');
    cout<<line<<endl;
    return 0;
}
```

5. read()函数

read()成员函数从一个文件读字节到一个指定的存储器区域，由长度参数确定要读的字节数。如果给出长度参数，当遇到文件结束或者在文本模式文件中遇到文件结束标记字符时读结束。

【例 7-9】从一个 data 文件读一个二进制记录到一个结构中。

```
//7_9.cpp
#include <iostream>
#include <fstream>
using namespace std;
struct Student{
    string id;
    string name;
    int age;
};
int main(){
    Student str={"2001","xiaohong",18};
    ofstream OutputFileStream("data", ios_base::out|ios_base::binary);
    OutputFileStream.write(reinterpret_cast<char *>(&str), sizeof(str));
    OutputFileStream.close();
    ifstream InputFileStream("data", ios_base::in|ios_base::binary);
    if (InputFileStream){
        Student str2;
        InputFileStream.read(reinterpret_cast<char *>(&str2), sizeof(str2));
        cout<<str2.id<<" "<<str2.name<<" "<<str2.age<<endl;
    }
    else{
        cout<<"ERROR: Cannot open file 'data'. "<<endl;
```

```
    }
    InputFileStream.close();
    return 0;
}
```

程序运行结果:

```
2001 xiaohong 18
```

6. seekg()和 tellg()函数

在文件输入流中,保留着一个指向文件中下一个将读数据的位置的内部指针,可以用 seekg() 函数来设置这个指针。tellg()成员函数返回当前文件读指针的位置,这个值是 streampos 类型。

【例 7-10】用 seekg()函数设置位置指针。

```
//7_10.cpp
#include <iostream>
#include <fstream>
using namespace std;
int main(){
    int values[]={1,2,3,4,5};
    ofstream OutputFileStream("myfile", ios_base::out|ios_base::binary);
    OutputFileStream.write(reinterpret_cast<char *> (values), sizeof(values));
    OutputFileStream.close();
    ifstream InputFileStream("myfile", ios_base:: in|ios_base:: binary);
    if(InputFileStream){
        InputFileStream.seekg(3*sizeof(int)); //跳到第 4 个元素的首地址处
        int v;
        InputFileStream.read(reinterpret_cast<char *>(&v), sizeof(int));
        cout<<"The 4th integer in the file 'myfile' is "<<v<<endl;
    }else{
        cout<<"ERROR: Cannot open file 'myfile'. "<<endl;
    }
    return 0;
}
```

使用 seekg()可以实现面向记录的数据管理系统,用固定长度的记录尺寸乘以记录号便得到相对于文件起始的字节位置,然后使用 get 读这个记录。

【例 7-11】读一个文件并显示出其中 3 元素的位置。

```
//7_11. cpp
# include <iostream>
# include <fstream>
using namespace std;
int main(){
  ifstream file("myfile", ios_base::in|ios_base::binary);
  if(file){
    while(file){
      streampos here=file.tellg();
      int v;
      file.read(reinterpret_cast<char *>(&v), sizeof(int));
      if(file&&v==3)
        cout<<"Position "<<here<<" is 3"<<endl;
```

```
    }
  }else{
    cout<< "ERROR: Cannot open file 'myfile' . "<<endl;
  }
  file.close();
  return 0;
}
```

7.3.5　字符串输入流

字符串输入流提供了与字符串输出流相对应的功能，它可以从一个字符串中读取数据。istringstream 类就用来表示一个字符串输入流。

istringstream 类有两个构造函数，最常用的那个构造函数接收两个参数，分别表示要输入的 string 对象和流的打开模式。打开模式具有默认值 ios_base:: in，通常使用这个默认值。例如，可以用下列方式创建一个字符串输出流：

```
string str="abc";
istringstream is(str);
```

ifstream 类所具有的大部分功能，istringstream() 类都具有，例如，提取运算符、操作符、read 函数、getline() 函数等，因为这些功能都是针对它们共同的基类 istream 的。只有专用于文件操作的 open() 函数和 close() 函数是 istringstream 类所不具有的。istringstream 类的一个典型用法是将一个字符串转换为数值，请看下面的示例。

【例 7-12】用 istringstream 将字符串转换为数值。

```
//7_12.cpp
#include <iostream>
#include <sstream>
#include <string>
using namespace std;
template<class T>
inline T fromString(const string &str){
    istringstream is(str);          //创建字符串输入流
    T v;
    is>>v;                          //从字符串输入流中读取变量 v
    return v;                       //返回变量 v
}
int main(){
    int v1=fromString<int>("8");
    cout<<v1<<endl;
    double v2=fromString<double>("3.2");
    cout<<v2<<endl;
    return 0;
}
```

程序运行结果:

```
8
32
```

该程序的函数模板 fromString 可以把各种支持 ">>" 提取符的类型的字符串表示形式转换为该类型的数据。

7.4 输入/输出流

一个 iostream 对象可以是数据的源或目的。有两个重要的 I/O 流类都是从 iostream 派生的，它们是 fstream 和 stringstream。这些类继承了前面描述的 istream 和 ostream 类的功能。

fstream 类支持磁盘文件输入和输出。如果需要在同一个程序中从一个特定磁盘文件读并写到该磁盘文件，可以构造一个 fstream 对象。一个 fstream 对象是有两个逻辑子流的单个流，两个子流一个用于输入，另一个用于输出。

stringstream 类支持面向字符串的输入和输出，可以用于对同一个字符串的内容交替读写，同样是由两个逻辑子流构成。

详细说明请读者参考 C++标准库参考手册或联机帮助。

习 题

1. 流库库中提供了哪些输入流？哪些输出流？常用的标准输入/输出流是？

2. 使用 I/O 流以文本方式建立一个文件 test1.txt，写入字符串 "已写入字符串！"，用计算机自带的字处理程序打开，看是否正确写入。

3. 使用 I/O 流以文本方式打开第 2 题建立的 test1.txt 文件，读出其内容并显示出来，看看是否正确。

4. 为什么 cin 输入时，空格和回车无法读入？这时可改用哪些流成员函数？

5. 在 ios 类中定义的文件打开方式中，公有枚举类型 open_mode 的各成员代表什么文件打开方式？

6. 编写程序提示用户输入一个十进制数，分别用十进制、八进制和十六进制形式输出。

7. 定义一个类 Person，包含姓名，性别，年龄三个成员变量和相应的成员函数。声明一个实例 person1，姓名 lihong，性别 female，年龄 18。使用 I/O 流把 person1 写入磁盘文件。再声明一个 person2，通过读文件把 person1 的信息赋给 person2。分别使用文本方式与二进制方式操作文件，看看结果有何不同；再看看磁盘文件的 ASCII 码有何不同（可借助专业文本/十六进制编辑器 UltraEdit 查看）。

8. 编程实现以下数据输入/输出：

（1）以左对齐方式输出整数，域宽为 12。

（2）以八进制、十进制、十六进制输入/输出整数。

（3）实现浮点数的指数格式和定点格式的输入/输出，并指定精度。

（4）把字符串读入字符型数组变量中，从键盘输入，要求输入串的空格也全部读入，以回车符结束。

（5）将以上要求用流成员函数和流操作各做一遍。

9. 编写一程序，将两个文件合并成一个文件。

10. 编写一程序，统计一篇英文文章中单词的个数与行数。

第8章　异常处理

程序编写者总是希望自己所编写的程序都是正确无误的，而且运行结果也是完全正确的。但是这几乎是不可能的。因此，程序编写者不仅要考虑没有错误的理想情况，更要考虑程序存在错误时的情况，应该能够尽快地发现错误，消除错误。这就是我们所说的异常处理。

8.1　异常处理的基本思想

在一个大型软件中，由于函数之间有着明确的分工和复杂的调用关系，发现错误的函数往往不具备处理错误的能力。这时它就引发一个异常，希望它的调用者能够捕获这个异常并处理这个错误。如果调用者也不能处理这个错误，还可以继续传递给上级调用者去处理，这种传播会一直继续到异常被处理为止。如果程序始终没有处理这个异常，最终它会被传到 C++运行系统那里，运行系统捕获异常后通常只是简单地终止这个程序。图 8-1 说明了异常的传播方向。C++的异常处理机制使得异常的引发和处理不必在同一函数中，这样底层的函数可以着重解决具体问题，而不必过多地考虑对异常的处理。上层调用者可以在适当的位置设计对不同类型异常的处理。

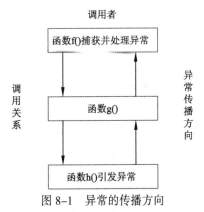

图 8-1　异常的传播方向

8.2　C++异常处理的实现

C++处理异常的机制是由 3 个部分组成的，即检查（Try），抛出（Throw）和捕获（Catch）。把需要检查的语句放在 try 块中，throw 用来实现异常时发出（形象地称为抛出，throw 的意思就是抛出）一个异常信息，而 catch 则用来捕捉异常信息，如果捕捉到了异常信息，就处理它。下面就来具体介绍异常处理的语法。

8.2.1 异常处理的语法

throw 语句一般是由 throw 运算符和一个数据组成的，其形式为

throw 表达式

try-catch 的结构为

```
try{
    被检查的语句
}catch(异常信息类型[变量名]){
    进行异常处理的语句
}
```

说明：

（1）被检测的函数必须放在 try 块中，否则不起作用。

（2）try 块和 catch 块作为一个整体出现，catch 块是 try-catch 结构中的一部分，必须紧跟在 try 块之后，不能单独使用，在二者之间也不能插入其他语句，下面的用法错误：

```
try
{…}
cout<<a;      //不能插入其他语句
catch(double)
{…}
```

但是在一个 try-catch 结构中，可以只有 try 块而无 catch 块。即在本函数中只检查而不处理，把 catch 处理块放在其他函数中。

（3）try 和 catch 块必须有用花括号括起来的复合语句，即使花括号内只有一个语句，也不能省略花括号。

（4）一个 try-catch 结构中只能有一个 try 块，但却可以有多个 catch 块，以便与不同的异常信息匹配。

（5）catch 后面的圆括号中，一般只写异常信息的类型名，如 catch(double)。catch 只检查所捕获异常信息的类型，而不检查它们的值。因此如果需要检测多个不同的异常信息，应当由 throw 抛出不同类型的异常信息。

try 子句后的复合语句是代码的保护段。如果预料某段程序代码（或对某个函数的调用）有可能发生异常，就将它放在 try 子句之后。如果这段代码（或被调函数）运行时真的遇到异常情况，其中的 throw 表达式就会抛掷这个异常。

catch 子句后的复合语句是异常处理程序，捕获由 throw 表达式抛掷的异常。异常声明部分指明了子句处理的异常的类型和异常参数名称，它与函数的形参是类似的，可以是某个类型的值，也可以是引用。类型可以是任何有效的数据类型，包括 C++的类。当异常被抛掷以后，catch 子句便依次被检查，若某个 catch 子句的异常声明的类型与被抛掷的异常类型一致，则执行该段异常处理程序。如果异常类型声明是一个省略号(…)，catch 子句便处理所有类型的异常，这段处理程序必须是 try 块的最后一段处理程序。

异常处理的执行过程如下：

（1）程序通过正常的顺序执行到达 try 语句，然后执行 try 块内的保护段。

（2）如果在保护段执行期间没有引起异常，那么跟在 try 块后的 catch 子句就不执行。程序从异常被抛掷的 try 块后跟随的最后一个 catch 子句后面的语句继续执行下去。

（3）程序执行到一个 throw 表达式时，一个异常对象会被创建。若异常的抛出点本身在一个 try 块内，则该 try 语句后的 catch 子句会按顺序检查异常类型是否与声明的类型匹配；若异常抛出点本身不在任何 try 块内，或抛出的异常与各个 catch 子句所声明的类型皆不匹配，则结束当前函数的执行，回到当前函数的调用点，把调用点作为异常的抛出点，然后重复这一过程。此处理继续下去，直到异常成功被一个 catch 语句捕获。

（4）如果始终未找到与被抛掷异常匹配的 catch 子句，最终 main()函数会结束执行，则库函数 terminate 将被自动调用，而库函数 terminate 的默认功能是终止程序。

（5）如果找到了一个匹配的 catch 子句，则 catch 子句后的复合语句会被执行。catch 块中的复合语句执行完毕后，当前的 try 块（包括 try 子句和一系列 catch 子句）执行完毕，即在抛出异常后面的语句不再执行。

当以下条件之一成立时，抛出的异常与一个 catch 子句中声明的异常类型匹配。

（1）catch 子句中声明的异常类型就是抛出异常对象的类型或其引用。

（2）catch 子句中声明的异常类型是抛出异常对象的类型的公共基类或其引用。

（3）抛出的异常类型和 catch 子句中声明的异常类型皆为指针类型，且前者到后者可隐含转换。

【例 8-1】处理除零异常。

```cpp
//8_1. cpp
#include <iostream>
using namespace std;
int divide (int x, int y) {
    if(y==0)
        throw x;
    return x/y;
int main(){
    try {
            cout<<" 5/2= "<<divide(5, 2)<<endl;
            cout<<"8/0= "<<divide(8, 0)<<endl;
            cout<<"7/1= "<<divide(7, 1)<<endl;
    } catch(int e){
        cout<<e<<" is divided by zero!"<<endl;
    }
    cout<<"That is ok."<<endl;
    return 0;
}
```

程序运行结果：

```
5/2=2
8 is divided by zero!
That is ok.
```

从运行结果可以看出，当执行下列语句时，在函数 divide()中发生除零异常。

```
cout<<"8/0= "<<divide(8, 0)<<endl;
```

异常在 divide()函数中被抛掷后，由于 divide()函数本身没有对异常的处理，divide()函数的调用中止，回到 main()函数对 divide()函数的调用点，该调用点处于一个 try 子句中，其后接收 int 类型的 catch 子句刚好能与抛出的异常类型匹配，异常在这里被捕获，异常处理程序输出有关信息后，程序继续执行主函数的最后一条语句，输出"That is ok."。而下列语句没有被执行：

```
cout<<"7/1="<<divide(7, 1)<<endl;
```

catch 处理程序的出现顺序很重要，因为在一个 try 块中，异常处理程序是按照它出现的次序被检查的。只要找到一个匹配的异常类型，后面的异常处理都将被忽略。例如，在下面的异常处理块中，首先出现的是 catch(…)，它可以捕获任何异常，因此在任何情况下其他 catch 子句都不被检查，所以 catch(…)应该放在最后。

```
try {
    ...
} catch(…){        //错误：后面的两个异常处理程序段不会被检查
                   //在这里处理所有的异常
} catch (const char *str) {
                   //处理 const char *型异常
} catch (int) {
                   //处理 int 型异常
}
```

8.2.2 在函数声明中进行异常情况指定

为了便于阅读程序，使函数的用户能够方便地知道所使用的函数是否会抛出异常以及异常信息可能的类型，C++允许在声明函数时列出这个函数可能抛掷的所有异常类型。例如：

```
void fun() throw(int, double, float, char);
```

这表明函数 fun()能够且只能够抛掷类型 int，double，float，char 类型的异常。如果在函数的声明中没有包括异常接口声明，则此函数可以抛掷任何类型的异常。一个不抛掷任何类型异常的函数可以进行如下形式的声明：

```
void fun() throw();
```

这时即使在函数执行过程中出现了 throw 语句，实际上并不执行 throw 语句，并不抛出任何异常信息，程序将非正常终止。

8.3 异常处理中处理析构函数

C++异常处理的真正功能，不仅在于它能够处理各种不同类型的异常，还在于它具有为异常抛掷前构造的所有局部对象自动调用析构函数的能力。

如何在 try 块（或 try 块中调用的函数）中定义了类对象，在建立该对象时要调用构造函数。在执行 try（包括在 try 块中调用其他函数）的过程中如果发生了异常，此时流程立即离开 try 块（如果是在 try 块调用的函数中发生异常，则流程首先离开该函数，回到调用它的 try 块处，然后流程再从 try 块中跳出到 catch 处理块）。这样流程就有可能离开该对象的作用域转到其他函数，因而应当事先做好结束对象前的清理工作，C++的异常处理机制会在 throw 抛出的异常信息被 catch 捕获时，对有关的局部对象进行析构（调用类对象的析构函数），析构的顺序与构造的顺序相反，然后执行与异常信息匹配的 catch 块中的语句。

【例 8-2】 使用带析构语函数的类的 C++异常处理。

```cpp
//8_2.cpp
#include <iostream>
#include <string>
using namespace std;
    class MyException {
public:
    MyException (const string &message) : message (message) {}
    ~MyException() {}
    const string &getMessage() const { return message; }
private:
    string message;
};

class Demo {
public:
    Demo() { cout<<"Constructor of Demo"<<endl; }
    ~Demo() { cout << "Destructor of Demo"<<endl; }
};

void func() throw (MyException) {
    Demo d;
    cout<< "Throw MyException in func() "<< endl;
    throw MyException ("exception thrown by func()") ;
}

int main() {
    cout<<"In main function"<<endl;
    try {
        func() ;
    } catch (MyException& e) {
        cout<< "Caught an exception: "<< e.getMessage() << endl;
        cout<<"Resume the execution of main() "<<endl;
        }
    return 0;
}
```

程序运行结果：

```
In main function
Constructor of Demo
    Throw MyException in func()
Destructor of Demo
    Caught an exception: exception thrown by func()
Resume the execution of main()
```

注意在此例中，catch 子句中声明了异常参数（catch 子句的参数）：

```cpp
catch(MyException & e){…}
```

其实，也可以不声明异常参数（e）。在很多情况下只要通知处理程序有某个特定类型的异常已

经产生就足够了。但是在需要访问异常对象时就要声明参数，否则将无法访问 catch 处理程序
子句中的那个对象。例如：

```
catch(MyException) {
    //在这里不能访问异常对象
}
```

用一个不带操作数的 throw 表达式可以将当前正被处理的异常再次抛掷，这样一个表达式
只能出现在一个 catch 子句中或在 catch 子句内部调用的函数中。再次抛掷的异常对象是源异常
对象（不是副本）。例如：

```
try{
    throw MyException (" some exception");
} catch(…){      //处理所有异常
    //...
    throw;         //将异常传给某个其他处理器
}
```

8.4 标准程序库异常处理

C++标准提供了一组标准异常类，这些类以基类 Exception 开始，标准程序库抛出的所有异
常，都派生于该基类，这些类构成如图 8-2 所示的异常类的派生继承关系。该基类提供一个成
员函数 what()，用于返回错误信息（返回类型为 const char *）。

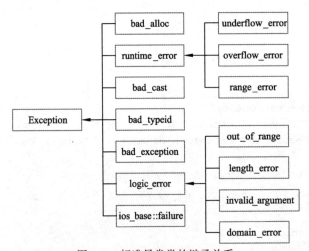

图 8-2　标准异常类的继承关系

表 8-1 列出了 logic_error 与 runtime_error 两个派生异常类的含义。runtime_error 和 logic_error
是一些具体的异常类的基类，它们分别表示两大类异常。logic_ error 表示那些可以在程序中被
预先检测到的异常，也就是说如果小心地编写程序，则能够避免这类异常；而 runtime_error 则
表示那些难以被预先检测的异常。当使用这些类时，需要包含头文件 stdexcept。

表 8-1 logic_error 与 runtime_error 两个派生异常类所代表的异常

异 常 类	异常的含义
underflow_error	算术运算时向下溢出
overflow_error	算术运算时向上溢出
range_error	内部计算时发生作用域的错误
out_of_range	表示一个参数值不在允许的范围之内
length_ error	尝试创建一个长度超过最大允许值的对象
invalid_argument	表示向函数传入无效参数
domain_error	执行一段程序所需要的先决条件不满足

logic_error 和 runtime_error 两个类及其派生类，都有一个接收 const string&.型参数的构造函数。在构造异常对象时需要将具体的错误信息传递给该函数，如果调用该对象的 what()函数，就可以得到构造时提供的错误信息。

下面的例子使用了标准程序库提供的异常类。

【例 8-3】三角形面积计算。

编写一个计算三角形面积的函数，函数的参数为三角形三边边长 a，b，c，可以用 Heron 公式计算：

设 $p = \dfrac{a+b+c}{2}$，则三角形面积 $S = \sqrt{p(p-a)(p-b)(p-c)}$

在计算三角形面积的函数中需要判断输入的参数 a，b，c 是否能构成一个三角形，若三个边长不能构成三角形，则需要抛出异常。下面是源程序：

```cpp
//8_3.cpp
#include <iostream>
#include <cmath>
#include <stdexcept>
using namespace std;
//给出三角形三边长，计算三角形面积
double area (double a, double b, double c) throw (invalid_argument) {
    //判断三角形边长是否为正
    if(a<=0||b<=0||c<=0)
        throw invalid_argument("the side length should be positive") ;
    //判断三边长是否满足三角不等式
    if(a+b<=c||b+c<=a||c+a<=b)
        throw invalid_argument("the side length should fit the triangle
        inequation");
    //由 Heron 公式计算兰角形面积
    double s=(a+b+c)/2;
    return sqrt(s*(s-a)*(s-b)*(s-c)) ;
}
int main() {
    double a, b, c;                        //三角形三边长
    cout<<"Please input the side lengths of a triangle: ";
    cin>>a>>b>>c;
    try {
        double s=area(a, b, c);            //尝试计算三角形面积
```

```
        cout<<"Area: "<<s<<endl;
    } catch(exception &e) {
        cout<<"Error: "<<e.what()<<endl;
    }
    return 0;
}
```

程序运行结果 1:

```
    Please input the side lengths of a triangle:3 4 5
Area: 6
```

程序运行结果 2:

```
    Please input the side lengths of a triangle: 0 5 5
Error: the side length should be positive
```

程序运行结果 3:

```
Please input the side lengths of a triangle: 1 2 4
Error: the side length should fit the triangle inequation
```

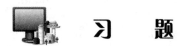 习　　题

1. 举例说明 throw，try，catch 语句的用法。

2. 当在 try 块中抛出异常后，程序最后是否回到 try 块中继续执行后面的语句？

3. 为什么要有异常重新抛出？异常重新抛出与处理的的次序及过程是怎样的？

4. 为什么 C++要求资源的取得最好放在构造函数中，资源的翻译在析构函数中？

5. 练习使用 try，catch 语句，在程序中用 new 分配内存时，如果操作未成功，则用 try 语句触发一个 char 类型异常，用 catch 语句捕获此异常。

6. 求一元二次方程 $ax^2+bx+c=0$ 的实根，如果方程没有实根，则输出有关警告信息。

7. 定义一个异常类 Cexception，有成员函数 reason()用来显示异常的类型。定义一个函数 fun1()触发异常，在主函数 try 模块中调用 fun1()，在 catch 模块中捕获异常，观察程序执行流程。

8. 解释下面这个 try 块为什么不正确，并改正它。

```
try {
    //use of the C++ standard library
} catch(exception){
    //…
}catch(const runtime_error &re){
    //…
}catch(overflow_error eobj){
    //…
}
```

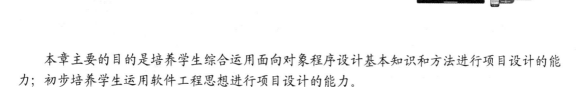

第9章　　个人银行账户管理系统

本章主要的目的是培养学生综合运用面向对象程序设计基本知识和方法进行项目设计的能力；初步培养学生运用软件工程思想进行项目设计的能力。

个人银行账户管理系统的主要功能是对多个银行账户的各种信息进行操作，并将信息存储在磁盘文件中。

 ## 9.1　需　求　分　析

1. 对银行账户进行抽象

如图 9-1 所示，账户类需要的属性有：姓名（name），账号（id），密码（password），余额（balance），是否存活（live）。

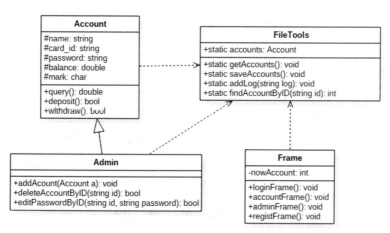

图 9-1 类图

函数有：查询余额函数（query），存钱函数（deposit），取钱函数（withdraw）。管理员也是一种账户，但是多出了一些操作：添加或删除账户，修改账户的余额或密码。

2. 关于文件的操作

在对账户的信息进行操作时，肯定是直接对内存中的信息进行操作最为方便，因此我们需要把文件中的内容先提取到内存中，这里使用一维数组进行保存，并且在操作完成后，还要更新文件中的信息。考虑到这些对文件的操作，可以把它们封装成一个工具类。

图 9-1 中，FileTools 是文件操作类。因为不需要构造对象，因此成员和函数都是静态的。

成员有：存储所有账户信息的一维数组（accounts）。

函数有：将文件中的账户信息提取到数组中的函数（getAccount），将数组中的账户信息写入到文件中的函数（saveAccounts），将日志信息写入到日志文件的函数（addLog）。

3. 流程的设计

第一界面（一级菜单，用 switch 实现）：最基本的四个选项，登录，注册，管理员和退出，如图 9-2 所示。

登录：首先输入账号，然后进行查找，若找到则等待输入密码与其匹配，若没找到则提示卡号不存在。若登录成功，则转入登录后的菜单界面（二级菜单），有四个选项：存款，取款，查询，退出账号。进行操作时，操作与内存中的 account 数组上。管理员部分和这部分类似。

注册：输入姓名和卡号还有密码信息，不能出现重复的卡号。注册成功后自动转入登录成功的界面。

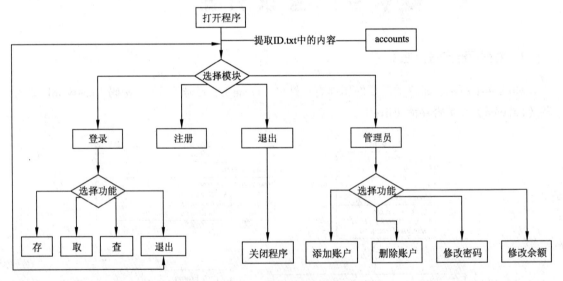

图 9-2　程序的基本流程

9.2　编 码 实 现

根据以上的需求分析，我们一共需要四个类：Account，Admin，FileTools，Frame，其中 Account 类实现了对普通账户的一些基本属性和行为的封装，Admin 在 Account 的基础上增加了管理员的行为，FileTools 类封装了一些对文件以及内存中账户信息的一些操作，Frame 类主要实现程序的显示。

1. Account 类

```
class Account {
```

```cpp
protected:
    string name;            //姓名
    string id;              //账号
    string password;        //密码
    double balance;         //余额
    bool live;              //账号是否存活
    char mark;              //标记是否为管理员

public:
    Account(){}
Account(string nn, string ni, string np, double nb, bool nl, char nm) {
        name=nn;
        id=ni;
        password=np;
        balance=nb;
        live=nl;
        mark=nm;
    }
    //查询余额
    double query() {
        return balance;
    }
    //取款
    bool withdraw(double money) {
        if(balance<money)
            return false;
        balance-=money;
        return true;
    }
    //存款
    void deposit(double money) {
        balance+=money;
    }
    //成员对外接口
    string getName() {
        return name;
    }
    string getID() {
        return id;
    }
    string getPassword() {
        return password;
    }
    double getBalance() {
        return balance;
    }
    char getMark() {
        return mark;
    }
    bool isLive() {
        return live;
```

```
    }
    void setPassword(string np) {
        password=np;
    }
    void setLive(bool nl) {
        live=nl;
    }
void setBalance(double nb) {
        balance=nb;
    }
};
```

Admin 类，此类在普通账户的基础上增加了管理员的行为。

```
class Admin : Account {
public:
    Admin(Account a){
        name=a.getName();
        id=a.getID();
        password=a.getPassword();
        balance=a.getBalance();
        live=true;
    }

    //添加用户
    void addAccount(Account a) {
        FileTools::accounts.push_back(a);
    }
    //根据账号删除用户
    bool deleteAccountByID(string id) {
        int index=FileTools::findAccountByID(id);
        //没找到账号
        if(index==-1)
            return false;
        //修改账户为已死亡
        FileTools::accounts[index].setLive(false);
        return true;

    }
    //根据账号修改用户的余额
    bool editPasswordByID(string id, string password) {
        int index=FileTools::findAccountByID(id);
        //没找到账号
        if(index==-1)
            return false;
        //进行修改
        FileTools::accounts[index].setPassword(password);
        return true;
    }
};
```

2. FileTools 类

```
class FileTools {
```

```
public:

  static vector<Account> accounts;

//读取文件中的账户信息
static void getAccounts(){
    //打开文件读入流
    ifstream in;
    in.open("ID.txt", ios::in);
    //读取数据到数组中
    string id, password, name;
    double balance;
    char mark;              //标记是否为管理员
    accounts.clear();
    while(in>>mark>>id>>password>>name>>balance) {
        accounts.push_back(Account(name, id, password, balance, true, mark));
    }
    in.close();
}

//将内存中的账户信息存储到文件
static void saveAccounts() {
    //打开文件输出流
    ofstream out;
    out.open("ID.txt", ios::out);
    //输出到文件中（已经删除的账户就不存了）
    for(int i=0; i<accounts.size(); i++) {
        Account a=accounts[i];
        if(a.isLive())
            out<<a.getMark()<<" "<<a.getID()<<" "
               <<a.getPassword()<<" "<<a.getName()<<" "
               <<a.getBalance()<<endl;
    }
    out.close();
}

//将日志信息写入到日志文件
static void addLog(string log) {
    //打开文件输出流
    ofstream out;
    out.open("LOG.txt", ios::out|ios::app);
    //输出到日志文件中
    out<<log<<endl;
    out.close();
}

//查找某个用户在数组中的位置
static int findAccountByID(string id) {
    for(int i=0; i<accounts.size(); i++) {
        if(accounts[i].getID()==id) {
```

```
                return i;
            }
        }
        //没找到返回 -1
        return -1;
    }

};
vector<Account> FileTools::accounts;
```

3. Frame 类

```cpp
class Frame{
    int nowAccount;            //当前用户（下标）
    public:
     Frame() {
        int select;
        while(true) {
            //一级菜单
            cout<<"请输入选项进行对应操作"<<endl;
            cout<<"1，用户登录"<<endl;
            cout<<"2，管理员操作"<<endl;
            cout<<"3，注册新用户"<<endl;
            cout<<"0，退出"<<endl;
            cin>>select;
            cout<<"--------------------------------------" << endl;

            if(select==0) {
                //退出之前保存文件
                FileTools::saveAccounts();
                break;
            }
            string id, password;
            int index;
            switch(select){
                case 1: {
                    if(loginFrame()) {
                        accountFrame();
                        FileTools::saveAccounts();
                    }
                    break;
                }
                case 2: {
                    if(loginFrame()) {
                        if(FileTools::accounts[nowAccount].getMark() != '*'){
                            cout<< "--------------不是管理员--------------" << endl;
                        } else {
                            cout<< "--------------------------------------" << endl;
                            adminFrame();
                            FileTools::saveAccounts();
                        }
```

```
                    }
                    break;
                }
                case 3: {
                    registFrame();
                    break;
                }
            }
        }
    }
}
//登录窗口
bool loginFrame() {
    string id, password;
    int index;
    cout<<"输入账号密码"<<endl;
    while(true) {
        cin>>id;
        if(id=="0") {  //登录失败
            cout<<"----------------登录失败----------------"<<endl;
            return false;
        }
        if((index=FileTools::findAccountByID(id))!=-1) {
            cin>>password;
            if(password!=FileTools::accounts[index].getPassword()) {
                cout<<"密码错误, "<<endl;
            } else {
                //登录成功
                cout<<"----------------登录成功----------------"<<endl;
                nowAccount=index;
                return true;
            }
        }else{
            //没找到账号
            cout<<"账号不存在, ";
        }
        cout<<"请重新输入账号密码或输入 0 退出"<<endl;
    }
}
//用户窗口
void accountFrame() {
    int select;
    double money;
    while(true) {
        cout<<"1, 存钱" <<endl;
        cout<<"2, 取钱" <<endl;
        cout<<"3, 查余额" <<endl;
        cout<<"0, 退出" <<endl;
        cin>>select;
        if(select==0)
            return ;
        switch(select) {
```

```cpp
                case 1: {
                    cout<<"输入金额: ";
                    cin>>money;
                    double nowMoney=FileTools::accounts[nowAccount].getBalance();
                    FileTools::accounts[nowAccount].setBalance(nowMoney + money);
                    cout<< "-----------------存钱成功-----------------" <<endl;
                    break;
                }
                case 2: {
                    cout<<"输入取钱金额: ";
                    cin>>money;
                    double nowMoney=FileTools::accounts[nowAccount].getBalance();
                    if(nowMoney < money) {
                        cout<< "-----------------余额不足-----------------" << endl;
                    } else {
                        FileTools::accounts[nowAccount].setBalance(nowMoney - money);
                        cout<< "-----------------取钱成功-----------------" << endl;
                    }
                    break;
                }
                case 3: {
                    cout<<"当前余额为: "<<
                    FileTools::accounts[nowAccount].getBalance()<<endl;
                    cout<<"------------------------------------" <<endl;
                    break;
                }
            }
        }
    }
    //管理员窗口
    void adminFrame() {
        int select;
        string id, password, np, name;
        Admin admin(FileTools::accounts[nowAccount]);
        while(true) {
            cout<<"1, 添加账户"<<endl;
            cout<<"2, 删除账户"<<endl;
            cout<<"3, 修改密码"<<endl;
            cout<<"0, 退出"<<endl;
            cin>>select;
            if(select==0)
                break;
            switch(select) {
                case 1: {
                    cout<<"输入账号, 密码, 姓名"<<endl;
                    cin>>id>>password>>name;
                    admin.addAccount(Account(name, id, password, 0, true, '#'));
                    FileTools::saveAccounts();
                    cout<<"----------------添加成功----------------"<<endl;
                    break;
                }
                case 2: {
```

```
            cout<<"输入账号"<<endl;
            cin>>id;
            if(admin.deleteAccountByID(id)) {
                FileTools::saveAccounts();
                cout<<"---------------删除成功---------------"<<endl;
            } else {
                cout<<"---------------账号不存在---------------"<<endl;
            }
            break;
            }
        case 3: {
            cout<<"输入账号，和新密码"<<endl;
            cin>>id>>np;
            if(admin.editPasswordByID(id, np)) {
                FileTools::saveAccounts();
                cout<<"---------------修改成功---------------"<<endl;
            } else {
                cout<<"---------------账号不存在---------------"<<endl;
            }
            break;
            }
        }
    }
}

//注册窗口
void registFrame() {
    string name, id, password;
    cout<<"输入姓名"<<endl;
    cin>>name;
    cout<<"输入账号"<<endl;
    while(true) {
        cin>>id;
        if(FileTools::findAccountByID(id)!=-1) {
        //有重复的账号
            cout<<"---------------账号重复---------------"<<endl;
        } else {
            cout<<"输入密码"<<endl;
            cin>>password;
            FileTools::accounts.push_back(Account(name, id, password, 0, true, '#'));
            FileTools::saveAccounts();
            cout<<"---------------注册成功---------------"<<endl;
            return ;
        }
    }
}

};
```

4. 主函数

```
int main() {
```

```
//读取文件中的信息
FileTools::getAccounts();
//打开窗口
Frame frame;
return 0;
}
```

9.3 数据测试

存放账户信息的文件（ID.txt）如图9-3所示。

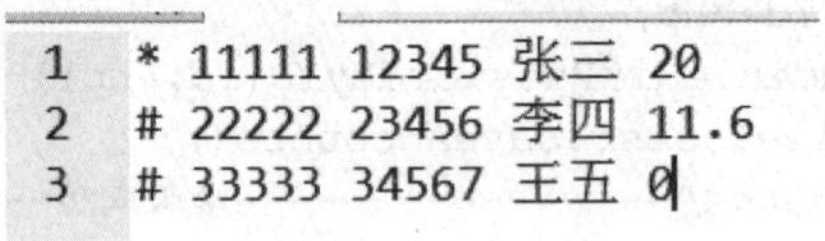

```
1   *  11111  12345  张三  20
2   #  22222  23456  李四  11.6
3   #  33333  34567  王五  0
```

图9-3   ID.txt中的内容

每一行为一个银行账户，每行第一个符号是"#"则为普通账户，是"*"则为管理员账户。每行第一个字符串为该账户人的账号，第二个字符串为该账户的密码，第三个字符串为该账户的姓名，最后的数字为该账户的余额。

测试结果如图9-4～图9-6所示。

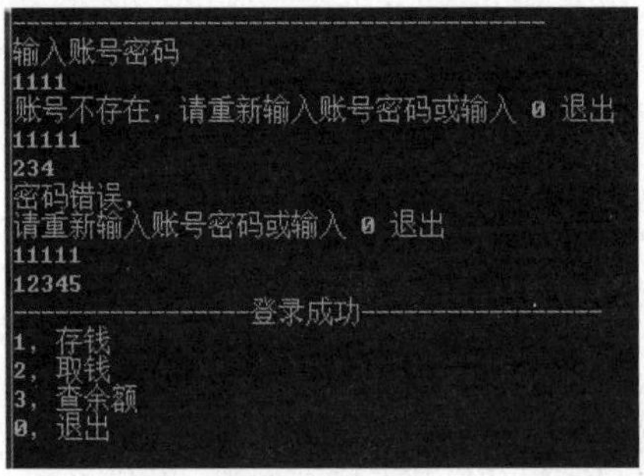

图9-4   登录模块测试

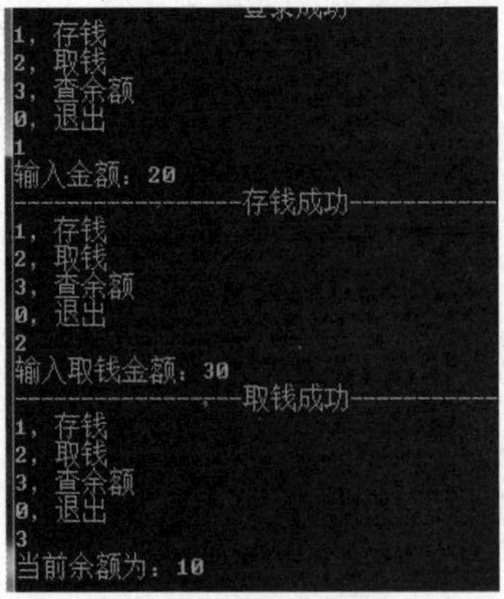

图9-5   存取查测试

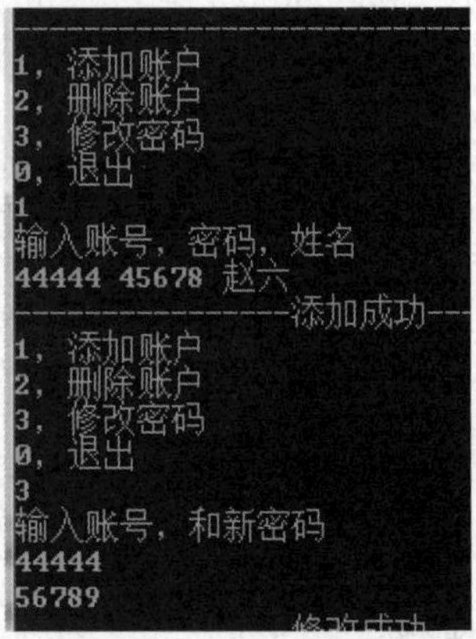

图9-6   管理员模块测试

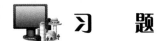

9.4 总　结

1. C++在 C 的基础上增加了类的概念，因此在写程序时，可以把模块分得更清楚，例如对于文件中、账户的所有操作封装在一起构成一个文件操作类。

2. 在面向过程的基础上，可以用面向对象的方法把现实中的一些元素轻易地加进来。例如 Account 类。

3. 学习很多关于设计一个有多个模块的程序的经验。

习　题

在实现个人银行账户管理系统的基础上添加一个信用账户，系统代码该如何修改呢？